分野をまたいでつながる

高校物理

三澤信也 著

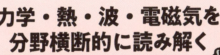

力学・熱・波・電磁気を
分野横断的に読み解く
新発想の一冊!!

本書を発行するにあたって，内容に誤りのないようできる限りの注意を払いましたが，本書の内容を適用した結果生じたこと，また，適用できなかった結果について，著者，出版社とも一切の責任を負いませんのでご了承ください．

　本書は，「著作権法」によって，著作権等の権利が保護されている著作物です．本書の複製権・翻訳権・上映権・譲渡権・公衆送信権（送信可能化権を含む）は著作者が保有しています．本書の全部または一部につき，無断で転載，複写複製，電子的装置への入力等をされると，著作権等の権利侵害となる場合があります．また，代行業者等の第三者によるスキャンやデジタル化は，たとえ個人や家庭内での利用であっても著作権法上認められておりませんので，ご注意ください．

　本書の無断複写は，著作権法上の制限事項を除き，禁じられています．本書の複写複製を希望される場合は，そのつど事前に下記へ連絡して許諾を得てください．

出版者著作権管理機構
（電話 03-5244-5088，FAX 03-5244-5089，e-mail：info@jcopy.or.jp）

JCOPY ＜出版者著作権管理機構　委託出版物＞

はじめに

　高校物理について解説している本は、世の中にたくさんあります。丁寧な解説や図解によるわかりやすさなど特徴的なものも多いようですが、**「分野をまたいで通用する解法」**を整理して紹介しているものは見たことがありません。

　物理は通常、力学・熱力学・波動・電磁気学・量子力学といった分野ごとに学んでいきます。ですから、学習参考書などでは分野ごとに解説されているのが普通です。もちろん、そういった分野ごとの学習は必要なのですが、実は物理の解法の中には**「複数の分野で共通して利用できる解法」**がいくつもあるのです。

　私は普段、高校生に物理を教えています。大学受験に向かう高校生は、いろいろな科目に渡って多くのことを学ばなければいけません。そんな中で、少しでも効率的に物理の問題を解く力を伸ばしてほしいと思い、私なりに工夫をしてきました。そんな経験の中で、**一つの解法がいろいろな分野の問題に通用することを知って活用できるようになると、非常に効率よく物理を学べる**ことに気づいたのです。

この本では、分野をまたいで活用できる解法や考え方＝**「分野横断的な解法」**を整理して紹介しています。豊富な例題や練習問題を通して、問題を解く具体的な方法を解説しています。問題にじっくり取り組みながら、ぜひ「分野横断的な解法」の切れ味を味わっていただきたいと思います。

　物理を学ぶ高校生の皆さんはもちろんのこと、物理が好きな大学生や社会人の方、学校で高校レベルの物理を教えておられる先生方など、いろいろな方に楽しんでいただければ幸いです。

2019 年 9 月

三澤 信也

目　次

第1部　物理と数学

1章　ベクトルの作図を活用する …………………………………… 10

1-1　2次元衝突 ………………………………………… 11
運動量をベクトルで表す

1-2　剛体のつりあい ………………………………… 21
力をベクトルで表す

1-3　ドップラー効果 ………………………………… 34
速度成分をベクトルで表す

1-4　波の合成 …………………………………………… 40
変位をベクトルで表す

1-5　交流回路 …………………………………………… 46
電流・電圧を回転するベクトルで表す

1-6　磁場中を運動する荷電粒子 ………………… 62
速度成分をベクトルで表す

2章　グラフと微積分を活用する ……………………………… 68

2-1　力学のグラフ …………………………………… 69
$x-t$ グラフと $v-t$ グラフで運動を表す

2-2　熱力学のグラフ ………………………………… 81
$P-V$ グラフで状態を表す

2-3　波動のグラフ …………………………………… 95
$y-x$ グラフと $y-t$ グラフで変位を表す

2-4 電磁気のグラフ（1） 110
$Q-t$ グラフと $I-t$ グラフで電気量を表す

2-5 電磁気のグラフ（2） 118
$V-x$ グラフと $E-x$ グラフで電位差を表す

3章 近似式を活用する 126

3-1 力学の近似式 127
力学現象を近似して考える

3-2 熱力学の近似式 136
ポアソンの式を近似で表す

3-3 波動の近似式 145
ドップラー効果や光路差を近似で表す

3-4 電磁気の近似式 157
回路内の仕事を近似で表す

第2部 物理の視座

4章 視点を転換する 168

4-1 複数物体の運動と相対速度 169
動くものの視点で考える

4-2 慣性力と見かけの重力（1） 188
加速度運動するものの視点で考える

4-3 慣性力と見かけの重力 (2) ……… 204

電場と磁場における座標軸を考える

4-4 いろいろな運動と重心の視点 ……… 211

複数物体の重心の視点で考える

4-5 特殊な座標軸 ……… 231

斜めの座標軸や曲がった座標軸で考える

5章 規則性を発見する ……… 248

5-1 衝突の規則性 ……… 249

運動量の和を考える

5-2 振動の規則性 ……… 262

未来の波形を考える

5-3 磁場中の荷電粒子の運動の規則性 ……… 264

ローレンツ力による円運動を考える

5-4 コンデンサーの電荷の変化の規則性 ……… 271

スイッチ切り替え後の電荷を考える

あとがきに代えて／各章のあらすじ ……… 296

索引 ……… 298

協力 企画のたまご屋さん（飯田みか）

YouTube でシミュレーション動画を公開

本文中に **Simulation動画** のマークがあるものは、
動画共有サイト YouTube（https://www.youtube.com）
にて簡単なシミュレーション動画をご覧になれます。
各シミュレーション動画にはマーク横の QR コードから
アクセスしてください。

※1．本書にて記載する大学入試問題の解答は、各大学が公表したものでは
ありません。
2．東京大学の入試問題は、すべて第2次試験問題からの引用です。
3．筑波大学の入試問題は、すべて前期試験 学群共通 物理からの引用です。

第1部

物理と数学

1章　ベクトルの作図を活用する
2章　グラフと微積分を活用する
3章　近似式を活用する

第1部 物理と数学

1-1　2次元衝突
1-2　剛体のつりあい
1-3　ドップラー効果
1-4　波の合成
1-5　交流回路
1-6　磁場中を運動する荷電粒子

ベクトルの作図を活用する

　「剛体のつりあい」「2次元衝突」（力学分野）、「ドップラー効果」「波の合成」（波動分野）、「荷電粒子の運動」「交流回路」（電磁気学分野）に共通することは何でしょう？ と聞かれて即答できる人はそうはいないと思います。

　もちろん、これらは現象としては全く異なります。ただ、物理の問題となったときには**ベクトルを上手く使うと煩雑な数式を使わずに解けることが多い**という共通点があります。

　もしかしたら、「ベクトルはどうも苦手だ」という気持ちを持っている人もいるかと思います。そういった人は、使わなくてもよいベクトルをわざわざ使うようにと言われたら、拒否反応を示すかもしれません。

　でも、ベクトルとは単に「矢印」のことであり、決して難しいものではありません。むしろ、ベクトルを使わずにいくつも数式を書き並べる方がずっと大変です。

　この章では、ベクトルを活用することで問題をより簡単に解けることを実感してもらいます。ベクトルの有用性がわかれば、苦手意識は自然と消えるはずです。そして、なくてはならない大切な道具となることでしょう。

1-1 2次元衝突

運動量をベクトルで表す

　最初は、**2次元衝突**の問題を通してベクトル活用の有用性を知ってもらえればと思います。

　まずは、次の例題を解いてみてください。

> **例題**
>
> 　質量の等しい小球A、Bが弾性衝突した。衝突前のAの速さはV、Bの速さは0であり、衝突後にBは図のような向きに進んだ。衝突後にAが進んだ向き（角θ）を求めよ。
>
>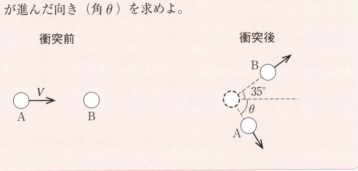

　どうでしょうか？

　もしかしたら、「sin35°やcos35°の値が示されなければ解けないじゃないか」と思った人もいるかもしれません。そのような人は、次の解法1のように解き進めたのではないでしょうか（そのように思わなくても、解法1のように考えた人が多いと思いますので、確かめてみてください）。

解法1　数式だけで解く

　まず、これは衝突の問題なので、運動量保存則が成り立ちます。次のように方向を決めると、

- x 軸方向の運動量保存則　　$1 \cdot V = 1 \cdot v_A \cos\theta + 1 \cdot v_B \cos 35°$　　…①
- y 軸方向の運動量保存則　　$1 \cdot 0 = -1 \cdot v_A \sin\theta + 1 \cdot v_B \sin 35°$　　…②

> 衝突後のAの速さを v_A、衝突後のBの速さを v_B とした。
> また、AとBの質量は等しければ何でもよいので、最も簡単な1とした。

と表せます。

さらに、AとBの衝突は弾性衝突なので、力学的エネルギーが保存されます。式に表すと次のようになります。

力学的エネルギー保存則　$\dfrac{1}{2}V^2 = \dfrac{1}{2}v_A^2 + \dfrac{1}{2}v_B^2$　　…③

このように①～③式が書けるのですが、これを解くには sin35°と cos35°の値が必要となります。

以上のように、今回の問題設定（sin35°、cos35°の値が示されていない！）では解法1は行き詰まってしまいました。

もちろん、sin35°や cos35°の値が示されているような問題もあります。ただ、今回はそれが必要ないので示しませんでした。どうして必要ないのでしょう？

ここで威力を発揮するのが、**ベクトルを使う**という方法です。次の解法2で、ベクトルを使って解くというのがどういうことか、具体的に説明します。

解法2　ベクトルを使う

解法1のときと、使う法則が違うわけではありません。運動量保存則も力学的エネルギー保存則も成り立つわけですから、それを使います。

ただし、これらの法則をベクトルで表すというのが大きな違いです。

まずは、運動量保存則です。

そもそも、**運動量はベクトル**です。だから、**運動量保存則をベクトルで表せるのは当然のこと**なのです。

解法1のときと同じく、AとBの質量は等しければ何でもよいので、1とします。すると、運動量は「質量×速度」ですので、運動量は速度と等しくなります。

よって、衝突後のAの速度を$\vec{v_A}$、衝突後のBの速度を$\vec{v_B}$とすれば、

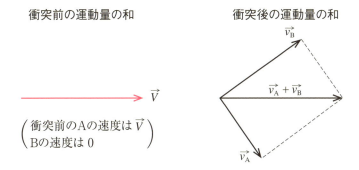

ということになり、運動量保存則は次のようにベクトルで表せるのです。

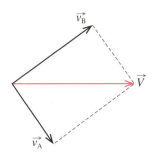

次に、力学的エネルギー保存則です。

エネルギーはベクトルではないので、直接ベクトルで表すことができません。ただ、力学的エネルギー保存則を表す③式から、

$V^2 = v_A{}^2 + v_B{}^2$

という関係がわかります。これは、上のベクトル図を書きかえた次の三角形

において、三平方の定理が成り立つことを意味しています。

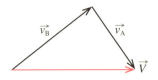

つまり、

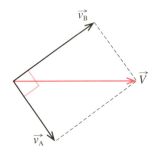

となっていることがわかるのです。

ここから、$\theta = 90° - 35° = 55°$ と求められます。

解法2では、計算らしい計算はほとんどしていません。

ベクトルを使うことで見通しがよくなり、スッキリと解けることがあるのを感じてもらえたのではないでしょうか。

なお、例題はベクトルを使って別の方法で解くこともできます。解法3として紹介します。

解法3　ベクトルを使う（別の考え方）

運動量保存則をベクトルで表すのは、解法2と同じです。

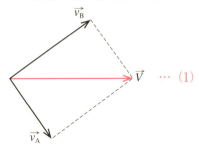

解法2と違うのはここからです。今回AとBが弾性衝突したわけですが、弾性衝突というのは相対速度の大きさが衝突前後で変わらない衝突のことです。そのことをベクトルで表せばよいのです。

　衝突前後の相対速度は、次のように表せます（「Bから見たAの速度」を表してみます）。

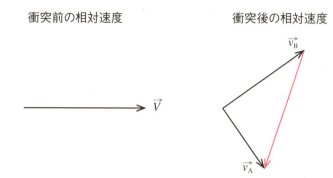

　衝突前後で相対速度の大きさ $|\vec{V}|$ が変わらないことから、次のようになっていることがわかります。

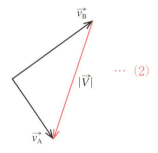

　ここで、(1)と(2)を重ねてみると、

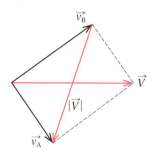

となります。ここからわかるのは、$\vec{v_A}$ と $\vec{v_B}$ が作る平行四辺形の2本の対角線の長さ（$|\vec{V}|$）が等しいということです。2本の対角線の長さが等しいということは、その平行四辺形が長方形であることを意味します。

つまり、$\vec{v_A}$ と $\vec{v_B}$ が直交することがわかり、$\theta = 55°$ と求められるのです。

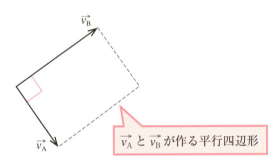

$\vec{v_A}$ と $\vec{v_B}$ が作る平行四辺形

Simulation 動画

次の練習問題1も、数式を使うよりベクトルを活用する方がラクに解けます。

練習問題 ❶

図のように、速さ V で運動している質量 $5M$ の物体が、内部の火薬の爆発により、質量 $2M$ の部分と質量 $3M$ の部分に分裂し、それぞれ図のような向きに進んだ。分裂後のそれぞれの速さ v_A、v_B を求めよ。

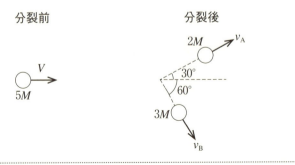

解法

　物体が分裂するとき、運動量保存則が成り立ちます。しかし、力学的エネルギー保存則が成り立つとは限りません。

　それは、例えばこの問題では、火薬の爆発によって物体が力学的エネルギーを得るからです。

　よって、運動量保存則だけを使って解くことになります。

　運動量保存則 $5M\vec{V} = 2M\vec{v_A} + 3M\vec{v_B}$ は、次のようにベクトルを使って表すことができます。

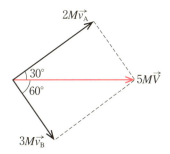

　これは、衝突前の運動量 $5M\vec{V}$ が、衝突後の2つの運動量 $2M\vec{v_A}$ と $3M\vec{v_B}$ で作る長方形の対角線となるような関係となります。

　このように運動量保存則をベクトルで表すと、

$2Mv_A = 5MV\cos30°$

$3Mv_B = 5MV\cos60°$

という関係が成り立つことがわかり、ここから、

$$v_A = \frac{5\sqrt{3}}{4}V \qquad v_B = \frac{5}{6}V$$

と求められます。

第1部 物理と数学

入試問題に挑戦！

大学入試問題でも、ベクトルを使う解法は威力を発揮します。

入試問題 ①

図のように、鉛直でなめらかな壁から距離 L の支点 O に、長さ $2L$ で質量の無視できる変形しない棒をとりつけ、その先に質量 m の小球をつけておく。小球を、図の B 点からの高低差が d となる地点 A で静かに放すと、小球は B 点で壁に完全弾性衝突をした。小球の大きさ、空気抵抗、支点での摩擦は無視できるものとする。重力加速度の大きさを g として、以下の設問に答えよ。

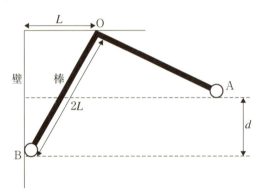

(1) 衝突の瞬間に小球が受けた力積の大きさを求めよ。

(2) 前問 (1) の力積のうち、壁から受けた分の大きさはどれだけか。

(2001年 東京大学 改題)

(1) まずは、力学的エネルギー保存則を使って、壁に衝突する直前の小球の速さ v を求めます。

力学的エネルギー保存則より、

$$mgd = \frac{1}{2}mv^2$$
$$\therefore v = \sqrt{2gd}$$

と求められます。

そして、完全弾性衝突では運動エネルギーが保存されるので、衝突直後の小球の速さも同じ値となります。

以上のことから、衝突の前後で小球の運動量（大きさ $mv = m\sqrt{2gd}$ ）は次のように変化することがわかります。

小球が受けた力積は運動量の変化に等しいので、小球は次のような力積（大きさ $2m\sqrt{2gd}$ ）を受けたことがわかります。

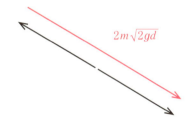

(2) 小球は、前問(1)で求めたような向きに力積を受けます。

ただし、このような力積を壁だけから受けることはできません。壁との間に摩擦がないため、壁からは垂直抗力しか受けないからです。

つまり、小球は壁からは次のような向きにだけ力積を受けます。

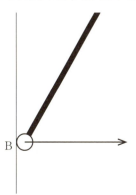

そして、ここに棒から受ける力積が加わることで、(1)で求めたような力積になるのです。

小球は、棒から次のような向きに力積を受けます（小球が棒から押されるため、次のような向きになります）。

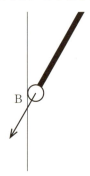

2つの力積はベクトルとして足し合わせることができ、この大きさが(1)で求めた$2m\sqrt{2gd}$であることと、衝突の瞬間に棒と壁がなす角が（壁から距離Lの支点O、長さ$2L$の棒なので）30°であることから、壁から受けた力積の大きさは、

$$2m\sqrt{2gd} \times \frac{1}{\cos 30°} = 2m\sqrt{2gd} \times \frac{2}{\sqrt{3}}$$
$$= 4m\sqrt{\frac{2gd}{3}}$$

と求められます。

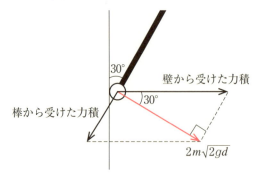

1-2 剛体のつりあい
力をベクトルで表す

次に、**剛体のつりあい**について考えてみましょう。分野はガラッと変わりますが、ここでもベクトルがとても役立ちます。

> **例題**
>
> 粗い水平面となめらかで鉛直な壁に、一様な棒を図のように立てかけた。このとき、図のOA：OB = 1：1であった。点Aにおいて棒が水平面から受ける垂直抗力の大きさをN、静止摩擦力の大きさをFとするとき、大きさの比$N：F$を求めよ。
>
>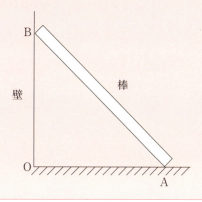

このような剛体の問題は、普通は、
- 物体が平行移動しない条件
- 物体が回転しない条件

の2つを式に表して連立させて解きます。まずは、解法1でそれを確認しましょう。

解法1　数式で解く

まずは、棒にはたらいている力を確認します。

粗い（摩擦がある）水平面からは垂直抗力 N と静止摩擦力 F を受けますが、なめらかな（摩擦がない）鉛直な壁からは垂直抗力 N' だけを受けます。また、一様な棒なので中心の位置に重心があって、重力 W を受けます。

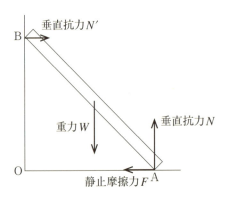

棒が平行移動しない（位置が変わらない）ためには、
- 水平方向の力のつりあい　$N' = F$　…①
- 鉛直方向の力のつりあい　$N = W$　…②

が成り立つ必要があります。

さらに、棒が回転しないためには力のモーメントもつりあっている必要があります。

モーメントのつりあいはどの点のまわりで考えてもよく、なるべく多くの力がはたらいている点のまわりで考えると計算がラクになります。

今回は水平面との接触点 A に2つの力がはたらいているので、点 A のまわりの力のモーメントのつりあいを式にすると、

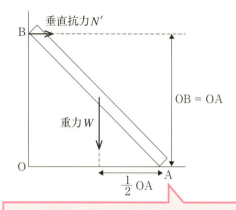

点Aのまわりのモーメントのつりあいを考えると、垂直抗力Nと静止摩擦力Fのモーメントは0となる。

$$W \times \frac{1}{2} = N' \quad \cdots ③$$

となります。以上の①〜③式を解いて、

$$N : F = 2 : 1$$

と求めることができます。

今回の問題は数式を使って解いてもさほど難しくはありません。

しかし、解法2で紹介するようにベクトルを使って解くと、より簡潔に解くことができます。

解法2　ベクトルを使う

　棒にはたらく4つの力を確認したら、垂直抗力Nと静止摩擦力Fを合成して1つにします（fとします）。

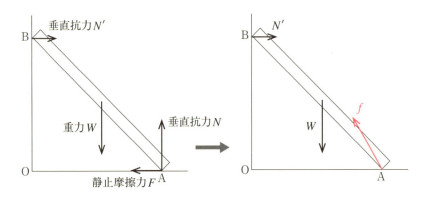

　この3つの力がつりあって棒は静止しているのです。

　ここで、**3つの力がつりあっている**ということは、3つの力を合成すると0になることを意味します。

　そして、3つの力を1つに合成するためには、**3つの力の作用線が1点で交わる**必要があるのです（剛体にはたらく力は、**作用線上であれば移動させても剛体に与える影響が変わりません**）。

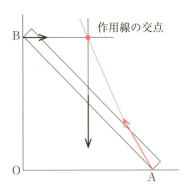

このことから、

$N : F = 2 : 1$

であることが図形的に求められます。

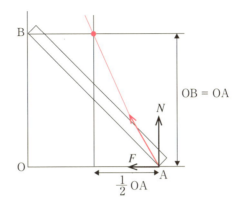

　剛体のつりあいも、数式に頼らずベクトルを活用することで視覚的にスッキリと理解できます。

Simulation動画

　次の練習問題1も、数式を使うとそれなりに面倒ですが、ベクトルを使うとあっさり解けてしまいます。

練習問題 ❶

図のように、糸と蝶番（ちょうつがい）で質量 m の一様な棒を水平に支えた。棒が蝶番から受ける力の向きと大きさを求めよ。重力加速度の大きさを g とする。

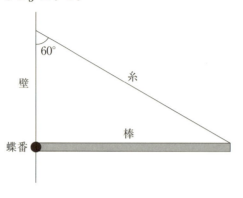

解法

棒には、次のような3つの力がはたらきます。

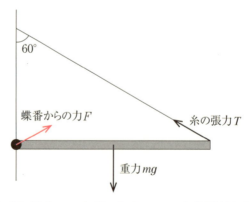

棒が静止するためには3つの力がつりあっている必要があります。

3つの力がつりあっているということは**3つの力を合成すると0になる**ということであり、そのためには**3つの力の作用線が1点で交わる必要が**ありました。

このことから、

1章 ベクトルの作図を活用する

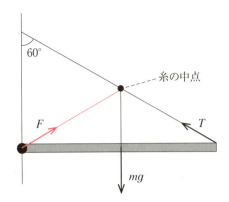

という関係がわかるので、棒が蝶番から受ける力 F は鉛直方向から $60°$ ずれた向きにはたらくことがわかります。

そして、3つの力を作用線上で移動させて合成すると、次のようになります。

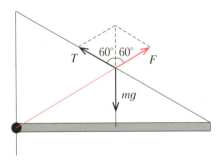

この図から、3つの力は次のように正三角形を作るような関係にあるとわかるので、棒が蝶番から受ける力の大きさ F は重力の大きさと等しく mg であることがわかります。

第1部 物理と数学

Simulation動画

入試問題に挑戦！

続いて、大学入試問題に挑戦してみましょう。

入試問題 ①

図のように、穴のあいた大きさの無視できるおもり（質量 m）を長さ l の棒に通し、長さ x（$0 < x < l$）の細いひもで棒の上端とつないで、壁に立てかけた。ひもは伸縮せず、質量は無視できる。棒は滑ることなく静止しており、おもりと棒の間の摩擦は無視できるものとして、以下の問いに答えよ。ただし、棒と壁との間に摩擦はなく、棒と床との間の静止摩擦係数を μ とする。

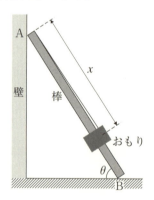

(1) おもりがないとき、棒が滑らず静止しているための最小の傾きを θ とする。$\tan\theta$ を求めよ。

(2) おもりをつないだとき、棒が滑らずに静止しているための最小の傾きの角度が前問 (1) で求めた θ より小さくなるためには、ひもの長さ x をどのようにとればよいか。

（2014年 筑波大学 改題）

(1) おもりがないとき、棒にはたらく力のつりあいは、例題と同様に次のようになります。ここで、床から受ける垂直抗力 N と静止摩擦力 F を合成して1つにして、f とします。

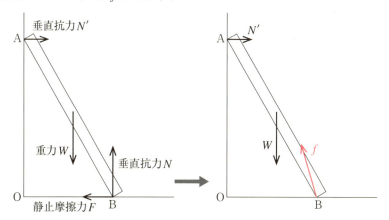

これらの力がつりあっているということは**合成すると0になる**ということであり、そのためには**作用線が1点で交わる**必要がありました。

つまり、棒が滑らずに静止しているときには、次の関係が成り立っているのです。

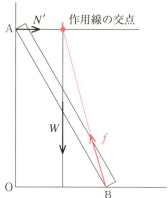

そして、棒が滑らずに静止しているギリギリの角度 θ のとき、床から棒にはたらく摩擦力は最大摩擦力 μN となることから、

$$\mu N : N = \frac{1}{2} : \tan\theta$$

であることがわかり、これを解いて $\tan\theta = \dfrac{1}{2\mu}$ と求められます。

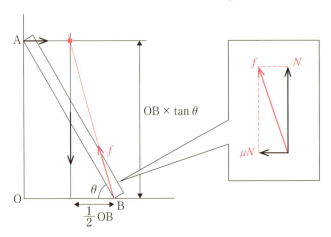

(2) 「棒＋おもり」の重心の位置は、おもりをつるすひもの長さ x によって変わります。

例えば、次のようにおもりをつるしたとき（$x < \dfrac{l}{2}$ のとき）、「棒＋おもり」の重心は棒の中心より上側になります。

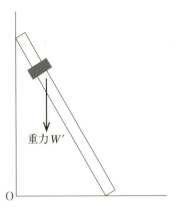

この状態で、滑り出さないギリギリの角度まで棒を傾けたとき、次のように力のつりあいが成り立ちます。

1章 ベクトルの作図を活用する

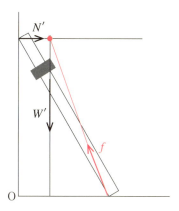

このときにも床から棒に最大摩擦力 μN がはたらいているので、図より $\tan\theta' > \dfrac{1}{2\mu}$ であることが明らかです。

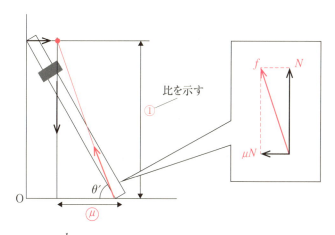

つまり、$x < \dfrac{l}{2}$ のときには棒が滑らずに静止している最小の角度 $\theta' > \theta$ となることがわかるのです。

そして、この逆を考えれば $x > \dfrac{l}{2}$ だと棒が滑らずに静止している最小の角度 $\theta' < \theta$ となることも理解できるのです。

第1部 物理と数学

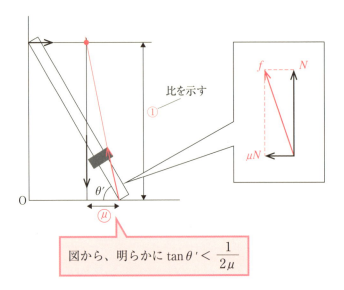

図から、明らかに $\tan\theta' < \dfrac{1}{2\mu}$

Simulation動画

Column はしごが転倒しやすくなるのはどんなとき？

入試問題1からは、人がはしごを登っていくと転倒の危険性が増すことがわかります。

ただし、それははしごの重心の位置より高いところへ登った場合です。重心より低いところにいる間は、むしろ転倒の危険性は低くなるのです。

入試問題1は、よりシンプルに考えると次のように理解できます。

1章 ベクトルの作図を活用する

● 人が乗っていないとき

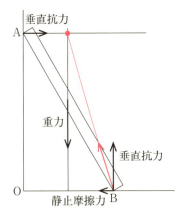

● 人が重心より高い位置に登っているとき

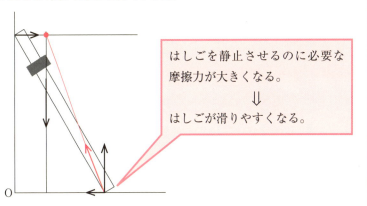

はしごを静止させるのに必要な摩擦力が大きくなる。
⇩
はしごが滑りやすくなる。

● 人が重心より低い位置に登っているとき

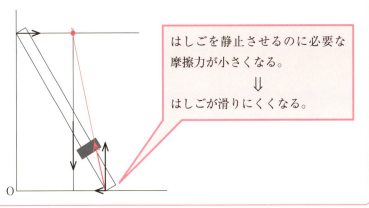

はしごを静止させるのに必要な摩擦力が小さくなる。
⇩
はしごが滑りにくくなる。

1-3 ドップラー効果

速度成分をベクトルで表す

　ここまで、力学の問題にベクトルを活用できる例を紹介してきましたが、ベクトルを活用できるのは力学分野だけではありません。

　続いて、**波動分野**の問題で活用できる例を紹介します。まずは、**ドップラー効果**です。

> **例題**
>
> 　ある高さを一定の速さvで水平にまっすぐ飛んでいる飛行機がある。飛行機が図のような位置を通過する瞬間に出した音を地上に立っている人が聞くとき、聞こえる音の振動数を求めよ。ただし、飛行機は振動数fの音を出し、音速はcであるとする。
>
>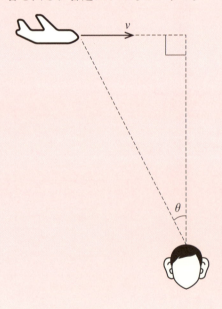

解法

音を出すもの（音源）が動くと、発せられる音の振動数が変化して聞こえます。この現象が「**ドップラー効果**」です。

例えば、音源が振動数 f の音を出しながら速さ v で観測者に**近づくとき**、音速を c として、聞こえる音の振動数 f' は次のようになります。

$$f' = f \times \frac{c}{c-v}$$

ただし、これは音源が観測者にまっすぐ近づいてくる場合の値です。例題では、音源（飛行機）は観測者に対してまっすぐ近づいているわけではありません。このようなときには、**音源の速度をベクトルとして図示して、観測者に向かう方向の成分を求める必要があります。**

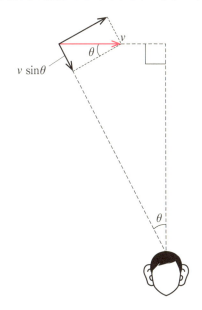

音源の速度 v は上のように分解して考えられるわけですが、2つの成分のうちで観測者に聞こえる音の振動数に影響を与えるのは「観測者に向かう成分 $v\sin\theta$」だけです。つまり、この場合に聞こえる音の振動数は、音源が速さ $v\sin\theta$ で観測者に向かってまっすぐ進んできた場合と同じに

なるので、その値 f' は、

$$f' = \frac{c}{c - v\sin\theta}\, f$$

と求められます。

練習問題 ❶

振動数 f の音を出す音源と観測者が、図のように、それぞれ速さ V、v で等速直線運動している。音源が図の点 A を通過する瞬間に発した音を、観測者は点 B を通過する瞬間に聞いた。このとき観測者が聞く音の振動数を求めよ。ただし、音速を c とする。

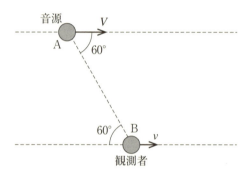

解法

ドップラー効果は、観測者が動くことによっても起こります。

観測者が振動数 f の音を出す音源から速さ v で**遠ざかるとき**、音速を c として、聞こえる音の振動数 f' は次のようになります

$$f' = f \times \frac{c - v}{c}$$

ただし、これもやはり観測者が音源からまっすぐ遠ざかる場合の値です。音源の速度もベクトルとして図示して、**観測者から遠ざかる方向の成分を求める必要があるのです。**

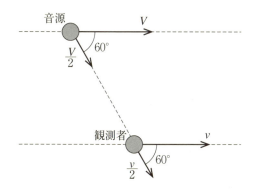

今回は、「音源が観測者に近づく」ことと「観測者が音源から遠ざかる」ことの両方が影響して、聞こえる音の振動数 f' は次のようになります。

$$f' = \frac{c - \dfrac{v}{2}}{c - \dfrac{V}{2}} f = \frac{2c - v}{2c - V} f$$

練習問題 2

図のように、運動する音源が振動数 f の音を送り出している。また、図に示す速度で風が吹いている（音源と風の速さは等しい）。音源が図の位置にいるときに送り出した音を、原点で静止している観測者が聞くときの音の振動数を求めよ。ただし、風がないときの音速を c とする。

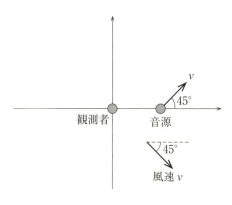

解法

風が吹くことも、聞こえる音の振動数に影響します。

風についても、その速度をベクトルとして図示して考えるのが有効です。

音は、空気を媒質として伝わっていきます。そして、媒質である空気が一斉に流れていくのが風です。ということは、風が吹くことによって変化するのは音速ということになります。

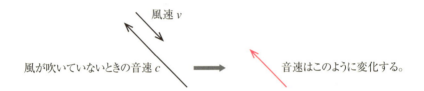

ただし、この場合もやはり観測者に向かう音速を考える必要がありますので、次のように考えます。

風速の観測者向きの成分 $\dfrac{v}{\sqrt{2}}$

観測者に向かう音速は $c - \dfrac{v}{\sqrt{2}}$ となる。

音速の変化を確認できたら、あとの考え方は同じです。

今回は音源が速さ v で動いていますが、観測者から**遠ざかる**方向の成分は $\dfrac{v}{\sqrt{2}}$ です。よって、聞こえる音の振動数 f' は、

$$f' = \frac{\left(c - \dfrac{v}{\sqrt{2}}\right)}{\left(c - \dfrac{v}{\sqrt{2}}\right) + \dfrac{v}{\sqrt{2}}} f = \frac{c - \dfrac{v}{\sqrt{2}}}{c} f = \frac{\sqrt{2}\,c - v}{\sqrt{2}\,c} f$$

となるのです。

1章 ベクトルの作図を活用する

別解

　この問題は、以下のように考えて解くこともできます。

　風が吹いている状況は、音の媒質である空気全体が動いている状況のことでした。

　そこで、風（空気全体の動き）と一緒に動く視点で考えてみます。

　すると、空気と一緒に動くのですから、空気は静止して見えることになるのです。

　風と一緒に動く視点からは、音源と観測者はそれぞれ次のような速度で動いて見えます。

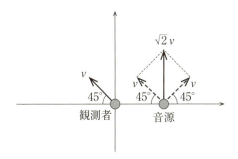

　このように見ると、「音源の観測者に近づく（遠ざかる）速度」は 0 であり、また「観測者の音源から遠ざかる速度」は $\dfrac{v}{\sqrt{2}}$ となることがわかります。よって、聞こえる音の振動数 f' は、

$$f' = \dfrac{c - \dfrac{v}{\sqrt{2}}}{c} f = \dfrac{\sqrt{2}\,c - v}{\sqrt{2}\,c} f$$

と、先ほどと同じ式が求められます。

1-4 波の合成
変位をベクトルで表す

次に、**波の合成**へのベクトル活用法を紹介します。数式を使って波の合成を行うのはなかなか大変ですが、**ベクトルを使えばとてもラクになります。**

> **例題**
>
> 図のように、波長 λ、振幅 Y の正弦波を送り出す波源Aと波源Bがある。2つの波源は同位相で正弦波を送り出している。波源Aからの距離が L、波源Bからの距離が L' のところに観測地点がある。$L - L' = \dfrac{\lambda}{4}$ のとき、この地点での振幅の最大値を求めよ。
>
>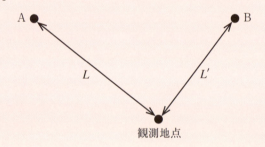

観測地点までの2つの波源からの距離が異なるため、観測地点では2つの波の位相がずれています。そのため、観測地点での最大振幅は、単純に各波の振幅 Y の和（$2Y$）とはなりません。

普通は、次の解法1のように数式を使って合成波の振幅を求めます。

解法1 数式で解く

まずは、2つの波の位相のずれを確認します。

Bの方がAより距離 $\dfrac{\lambda}{4}$ だけ観測地点に近いので、Bから伝わる波の位

相は A からの波より $2\pi \times \dfrac{1}{4} = \dfrac{\pi}{2}$ だけ進んでいます。ですから、A から

伝わる波の変位 y_A を、角振動数を ω、時間を t として、

$$y_A = Y \sin \omega t$$

と表すと、B から伝わる波の変位 y_B は、

$$y_B = Y \sin \left(\omega t + \dfrac{\pi}{2} \right)$$

となります。そして、2 つの波の合成波の変位は、

$$
\begin{aligned}
y_A + y_B &= Y \sin \omega t + Y \sin \left(\omega t + \dfrac{\pi}{2} \right) \quad \text{※1}\\
&= Y \sin \omega t + Y \cos \omega t \\
&= \sqrt{2}\, Y \sin \left(\omega t + \dfrac{\pi}{4} \right) \quad \text{※2}
\end{aligned}
$$

※1 　$\sin \left(\theta + \dfrac{\pi}{2} \right) = \cos \theta$ の関係を使った。

※2 　$a \sin x + b \cos x = \sqrt{a^2 + b^2} \sin (x + \theta)$ という公式を使った。

　　　$\left(\text{ただし、} \theta \text{ は } \tan \theta = \dfrac{b}{a} \text{ を満たす角度}\right)$

と求められます。

　この結果から、振幅の最大値は $\sqrt{2}\, Y$ であることがわかります。

　以上のように波の変位を数式で表すことで、合成波の振幅を求めることができます。

　ただし、三角関数の式を使いこなす必要があり、なかなか大変です。そこで、波の変位を数式ではなくベクトルを使って表すことで、簡単に求める方法を紹介します。

解法2　ベクトルで解く

まずは、波源 A から伝わる波です。

変位 y_A は、時間 t とともに次のように変動します。

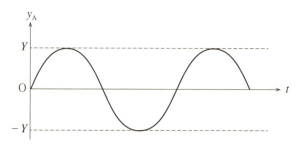

これは、単振動の変位を表します（波を伝える媒質は単振動します）。

単振動は、等速円運動の正射影でした。つまり、次のような関係があるのです。

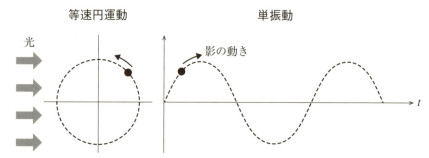

このとき、等速円運動するものをベクトルにしてみます。

つまり、波の変位を回転する長さ Y のベクトルの正射影と考えるわけです。

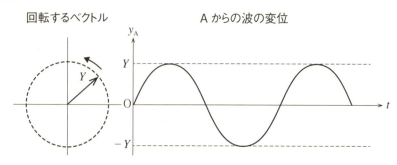

これが、波の変位をベクトルで考えるということなのです。

では、波源Bから伝わる波も同様に表してみましょう。Bから伝わる波の位相はAからの波より$\frac{\pi}{2}$だけ進んでいるのでした。そのため、次のように表すことができます。

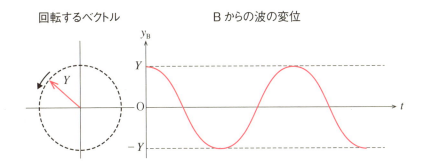

以上のように、2つの波の変位をベクトルで考えることができました。すると、この2つを簡単に足し合わせることができるようになります。普通は、2つの変位どうしの足し算は容易ではありません。

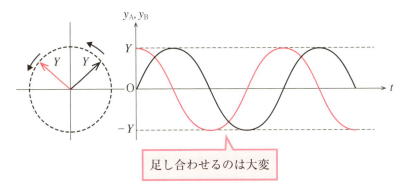

足し合わせるのは大変

なぜこれが困難かというと、**2つの変位を足し合わせる**ということは**2つのベクトルの正射影どうしを足し合わせる**ことだからです。

そこで、**順序を変えてみます**。ベクトルの正射影どうしを足し合わせるのではなく、**ベクトルを足し合わせてから正射影にする**と考えるのです。

2つのベクトルを足し合わせて、

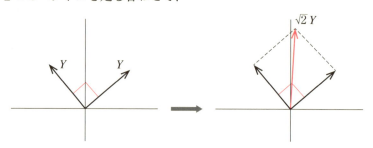

足し合わせたベクトルの正射影が、合成波の変位を示しています。

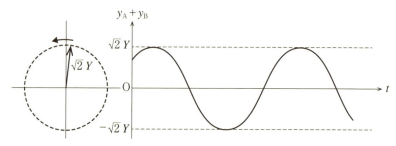

以上より、合成波の振幅（振幅の最大値）が $\sqrt{2}\,Y$ と求められます。

同じ要領で、次の練習問題1を解いてみてください。

練習問題 1

例題で、$L - L' = \dfrac{\lambda}{6}$ のときには観測地点の振幅の最大値はいくらになるか。

解法

例題と違うのは、観測地点での2つの波の位相差が、

$$2\pi \times \frac{1}{6} = \frac{\pi}{3}$$

となることだけです。

同じように2つの波の変位を回転するベクトルで表すと、

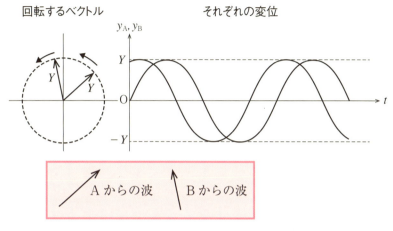

となります。そして、2つのベクトルを足し合わせます。

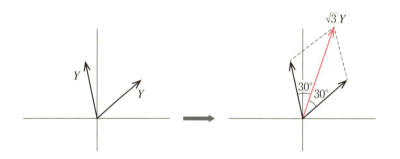

足し合わせたベクトルの正射影が、合成波の変位を示します。

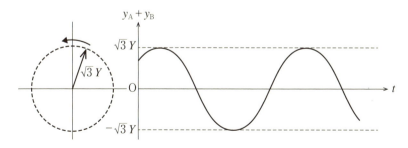

以上より、合成波の振幅（振幅の最大値）が $\sqrt{3}\,Y$ と求められます。

1-5 交流回路
電流・電圧を回転するベクトルで表す

ベクトルは、**電磁気学**にも活用することができます。

まずは、交流回路です。普通に計算するととても大変な分野ですが、ベクトルを上手に使って煩雑な計算を回避できることが多々あります。交流回路を苦手としている人は、ぜひとも身につけてください。

例題

図のように、電圧 $V = V_0 \sin \omega t$ の交流電源、抵抗値 R の抵抗、電気容量 C のコンデンサー、自己インダクタンス L のコイルを接続した。このとき、電源を流れる電流 I を時間 t の関数として求めよ。

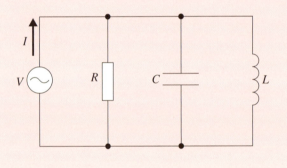

なかなか難しい問題ですね。

電源を流れる電流は、抵抗、コンデンサー、コイルそれぞれを流れる電流の和となります。ですので、各電流値を数式で求めて足し合わせればよいのですが、これがなかなか大変です。交流回路ゆえに電圧との位相の関係を考えなければならず、三角関数を含んだ数式になるからです。

とりあえず、数式を使って求める方法を確認しましょう。

1章 ベクトルの作図を活用する

解法1 　数式で解く

　抵抗、コイル、コンデンサーは電源に並列に接続されています。そのため、それぞれの電圧は電源電圧 $V = V_0 \sin \omega t$ と等しくなります。

　このとき、抵抗、コイル、コンデンサーに流れる電流はそれぞれどのように表せるでしょう。1つずつ考えていきます。

●抵抗を流れる電流

　抵抗を流れる電流の位相は、電圧の位相と等しくなります。つまり、電源電圧の位相と等しくなるということです。

　また、抵抗を流れる電流の最大値は $\dfrac{電圧の最大値}{抵抗値} = \dfrac{V_0}{R}$ となります。

　これらのことから、抵抗を流れる電流 I_R は、

$$I_R = \frac{V_0}{R} \sin \omega t \quad \cdots ①$$

と求められます。

●コンデンサーを流れる電流

　コンデンサーを流れる電流の位相は、電圧の位相より $\dfrac{\pi}{2}$ だけ進んでいます。つまり、電源電圧の位相より $\dfrac{\pi}{2}$ だけ進んでいるということです。

　また、コンデンサーを流れる電流の最大値は次のようになります。

$$\frac{電圧の最大値}{コンデンサーの容量リアクタンス} = \frac{V_0}{\dfrac{1}{\omega C}} = \omega C V_0$$

　これらのことから、コンデンサーを流れる電流 I_C は、

$$I_C = \omega C V_0 \sin\left(\omega t + \frac{\pi}{2}\right) \quad \cdots ②$$

と求められます。

47

第1部 物理と数学

●コイルを流れる電流

コイルを流れる電流の位相は、電圧の位相より$\frac{\pi}{2}$だけ遅れています。つまり、電源電圧の位相より$\frac{\pi}{2}$だけ遅れているということです。

また、コイルを流れる電流の最大値は次のようになります。

$$\frac{\text{電圧の最大値}}{\text{コイルの誘導リアクタンス}} = \frac{V_0}{\omega L}$$

これらのことから、コイルを流れる電流I_Lは、

$$I_L = \frac{V_0}{\omega L} \sin\left(\omega t - \frac{\pi}{2}\right) \quad \cdots ③$$

と求められます。

以上のように抵抗、コイル、コンデンサーそれぞれに流れる電流を求められましたので、これら①〜③式を足し合わせれば電源を流れる電流を求められます。

電源を流れる電流I

$$= I_R + I_C + I_L$$

$$= \frac{V_0}{R}\sin\omega t + \omega C V_0 \sin\left(\omega t + \frac{\pi}{2}\right) + \frac{V_0}{\omega L}\sin\left(\omega t - \frac{\pi}{2}\right) \quad ※1$$

$$= \frac{V_0}{R}\sin\omega t + \omega C V_0 \sin\left(\omega t + \frac{\pi}{2}\right) - \frac{V_0}{\omega L}\sin\left(\omega t + \frac{\pi}{2}\right)$$

$$= \frac{V_0}{R}\sin\omega t + \left(\omega C - \frac{1}{\omega L}\right) V_0 \sin\left(\omega t + \frac{\pi}{2}\right) \quad ※2$$

$$= \frac{V_0}{R}\sin\omega t + \left(\omega C - \frac{1}{\omega L}\right) V_0 \cos\omega t \quad ※3$$

$$= V_0 \sqrt{\left(\frac{1}{R}\right)^2 + \left(\omega C - \frac{1}{\omega L}\right)^2} \sin\left(\omega t + \varphi\right)$$

$$\left(\text{ただし、} \varphi \text{ は } \tan\varphi = \frac{\left(\omega C - \dfrac{1}{\omega L}\right)}{\dfrac{1}{R}} = R\left(\omega C - \frac{1}{\omega L}\right) \text{を満たす角度}\right)$$

※1　$\sin\theta = -\sin(\theta + \pi)$ の関係を使った。
※2　$\sin\left(\theta + \frac{\pi}{2}\right) = \cos\theta$ の関係を使った。
※3　$a\sin x + b\cos x = \sqrt{a^2 + b^2}\sin(x + \theta)$ という公式を使った。
　　（ただし、θ は $\tan\theta = \frac{b}{a}$ を満たす角度）

　例題は、以上のように頑張って計算すれば解くことができます。

　でも、数式がそれほど得意ではない人にとっては、かなり大変ですよね。そう感じた人にこそ武器にしてほしいのが、ベクトルを使う考え方です。

解法2　ベクトルで解く

　抵抗、コイル、コンデンサーそれぞれに流れる電流を求め、その和を求めるという方針は解法1と変わりません。ただ、その求め方が違うということです。

　今回、抵抗、コイル、コンデンサーの電圧はすべて電源電圧と等しくなります。ですので、まずは電源電圧をベクトルで表しておきます。

　電源電圧 $V = V_0 \sin\omega t$ は、時間 t とともに次のように変動します。

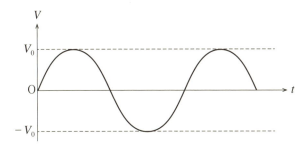

　単振動は、等速円運動の正射影でした（このあたりの考え方は前節「1-4 波の合成」(p.40)と同じです）。

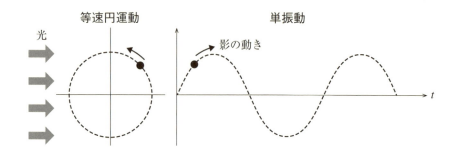

交流の電源電圧も、同様に等速円運動の正射影と考えることができます。
電源電圧は $V = V_0 \sin \omega t$ と表されるので、これは回転する長さ V_0 のベクトルの正射影と考えられます。

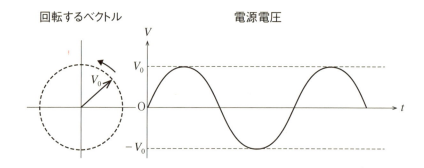

これが、交流回路の電圧や電流をベクトルで考えるということです。抵抗、コイル、コンデンサーの電圧は、すべて上のように考えられるわけです。
では、電流はどうでしょうか？

● 抵抗を流れる電流

抵抗を流れる電流の位相は、電源電圧の位相と等しくなります。
また、抵抗を流れる電流の最大値は、$\dfrac{\text{電圧の最大値}}{\text{抵抗値}} = \dfrac{V_0}{R}$ と求められました。
これらのことから、抵抗を流れる電流 I_R は次のような回転するベクトルの正射影だと考えることができます。

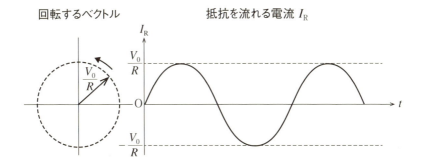

● コンデンサーを流れる電流

コンデンサーを流れる電流の位相は、電源電圧の位相より$\frac{\pi}{2}$だけ進んでいます。

また、コンデンサーを流れる電流の最大値は、

$$\frac{電圧の最大値}{コンデンサーの容量リアクタンス} = \frac{V_0}{\frac{1}{\omega C}} = \omega C V_0$$

となります。

これらのことから、コンデンサーを流れる電流I_Cは次のような回転するベクトルの正射影だと考えることができます。

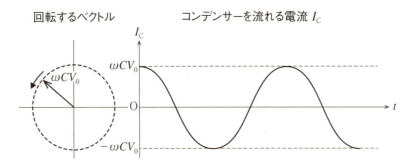

● コイルを流れる電流

コイルを流れる電流の位相は、電源電圧の位相より$\frac{\pi}{2}$だけ遅れています。
また、コイルを流れる電流の最大値は、

$$\frac{\text{電圧の最大値}}{\text{コイルの誘導リアクタンス}} = \frac{V_0}{\omega L}$$

となります。

これらのことから、コイルを流れる電流 I_L は次のような回転するベクトルの正射影だと考えることができます。

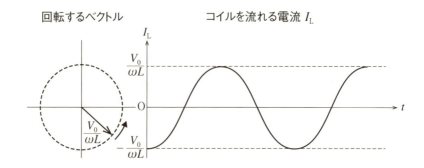

以上のように抵抗、コイル、コンデンサーそれぞれに流れる電流をベクトルで考えることができました。

3つの電流を足し合わせれば電源を流れる電流を求められます。**3つの電流を足し合わせる**ということは、**ベクトルの正射影どうしを足し合わせる**ということです。しかし、これは容易ではありません。

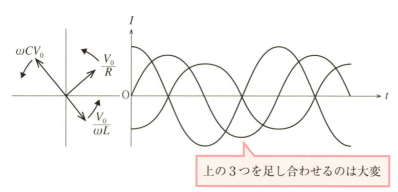

上の3つを足し合わせるのは大変

そこで、順序を変えてみます。ベクトルの正射影どうしを足し合わせるのではなく、**ベクトルを足し合わせてから正射影にする**と考えるのです(このあたりの考え方も前節「1-4 波の合成」(p.40)と同じです)。

3つのベクトルを足し合わせると、次のようになります。

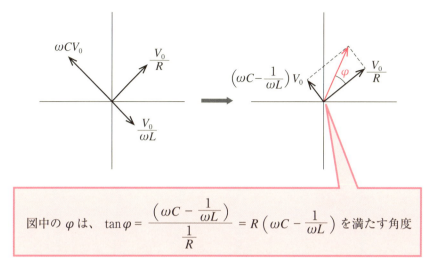

図中の φ は、$\tan\varphi = \dfrac{\left(\omega C - \dfrac{1}{\omega L}\right)}{\dfrac{1}{R}} = R\left(\omega C - \dfrac{1}{\omega L}\right)$ を満たす角度

足し合わせたベクトルの正射影が、電源に流れる電流 I を示します。

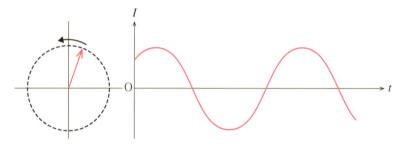

足し合わせたベクトルの長さは、上のベクトル図から（三平方の定理から）、

$$V_0 \sqrt{\left(\dfrac{1}{R}\right)^2 + \left(\omega C - \dfrac{1}{\omega L}\right)^2}$$

と求められます。これが、電源に流れる電流の最大値を示しています。
　さらに、電源に流れる電流の位相は、電源の電圧より図中の φ だけ進んでいることもわかります。
　よって、電源に流れる電流 I は、

$$I = V_0 \sqrt{\left(\dfrac{1}{R}\right)^2 + \left(\omega C - \dfrac{1}{\omega L}\right)^2}\ \sin(\omega t + \varphi)$$

$$\left(\text{ただし、}\varphi \text{ は } \tan\varphi = R\left(\omega C - \frac{1}{\omega L}\right) \text{を満たす角度}\right)$$

と求めることができます。

　交流回路の電流や電圧をベクトルで考えることで、難しい数式の変形が必要なくなることを理解してもらえたと思います。

　回路が複雑になるほど、ベクトルを使った考え方は威力を発揮します。次の練習問題1を通して、そのことを実感してみてください。

練習問題 ①

　図のように、電圧 $V = V_0 \sin\omega t$ の交流電源、抵抗値 R の抵抗、電気容量 C のコンデンサー、自己インダクタンス L のコイルを接続した。このとき、回路に流れる電流 I を時間 t の関数として求めよ。

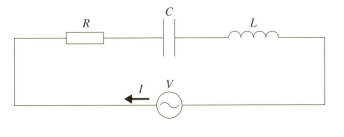

解法

　今度は、抵抗、コンデンサー、コイルが直列に接続された回路を考えます。

　並列に接続された場合（例題）には電圧が共通だったのに対して、直列に接続されている今回の回路では、流れる電流 I が共通となります。

　電流 I の最大値を I_0 として、電流 I が時間 t とともに次のように変動するとします。

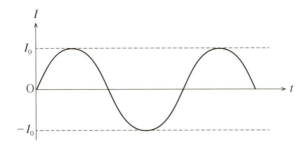

ここで、電流 I は次のように回転するベクトルの正射影だと考えることができます。

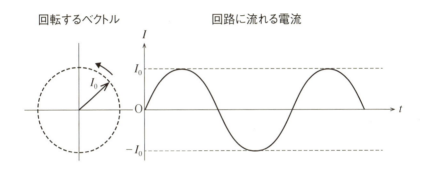

次に、これを基準として抵抗、コイル、コンデンサーそれぞれの電圧が時間 t とともにどのように変化するかを考えます。

● 抵抗にかかる電圧

抵抗にかかる電圧の位相は、流れる電流の位相と等しくなります。

また、抵抗にかかる電圧の最大値は、抵抗値×電流の最大値＝RI_0 となります。

これらのことから、抵抗の電圧 V_R は次のような回転するベクトルの正射影だと考えることができます。

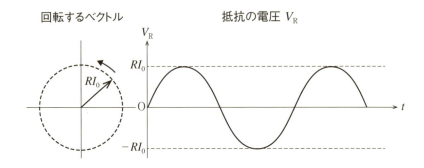

● コンデンサーにかかる電圧

コンデンサーにかかる電圧の位相は、流れる電流の位相より $\frac{\pi}{2}$ だけ遅れています。

また、コンデンサーにかかる電圧の最大値は、コンデンサーの容量リアクタンス×電流の最大値 $= \frac{1}{\omega C} \times I_0 = \frac{I_0}{\omega C}$ となります。

これらのことから、コンデンサーの電圧 V_C は次のような回転するベクトルの正射影だと考えることができます。

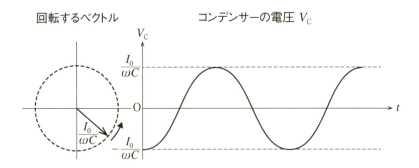

● コイルにかかる電圧

コイルにかかる電圧の位相は、流れる電流の位相より $\frac{\pi}{2}$ だけ進んでいます。

また、コイルにかかる電圧の最大値は、コイルの誘導リアクタンス×電流の最大値 $= \omega L I_0$ となります。

これらのことから、コイルの電圧 V_L は次のような回転するベクトルの正射影だと考えることができます。

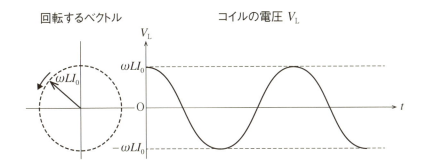

以上のように抵抗、コンデンサー、コイルそれぞれの電圧をベクトルで考えることができました。

そして、3つの電圧を足し合わせたものは電源の電圧 V と等しくなっているはずです。そのことを式にすればよいのですが、ここでもやはりベクトルをうまく活用するのがポイントです。

3つの電圧を足し合わせるということは、ベクトルの正射影どうしを足し合わせるということです。しかし、これは容易ではありません。

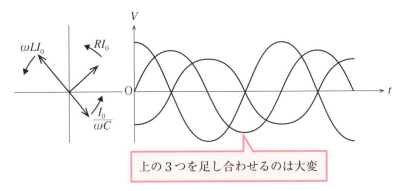

上の3つを足し合わせるのは大変

そこで、順序を変えてみます。ベクトルの正射影どうしを足し合わせるのではなく、**ベクトルを足し合わせてから正射影にする**と考えるのです。

3つのベクトルを足し合わせると、次のようになります。

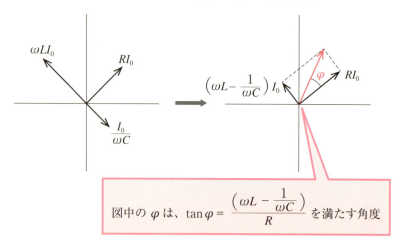

図中の φ は、$\tan\varphi = \dfrac{\left(\omega L - \dfrac{1}{\omega C}\right)}{R}$ を満たす角度

足し合わせたベクトルの正射影が、電源の電圧 V を示します。

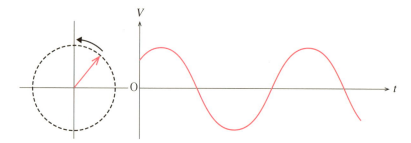

足し合わせたベクトルの長さは、上のベクトル図から（三平方の定理から）、

$\sqrt{R^2 + \left(\omega L - \dfrac{1}{\omega C}\right)^2}\ I_0$ と求められます。これが、電源の電圧 V の最大値 V_0 を示しています。つまり、

$$\sqrt{R^2 + \left(\omega L - \dfrac{1}{\omega C}\right)^2}\ I_0 = V_0$$

なので、回路に流れる電流の最大値 I_0 は、

$$I_0 = \dfrac{V_0}{\sqrt{R^2 + \left(\omega L - \dfrac{1}{\omega C}\right)^2}}$$

であることがわかります。

1章 ベクトルの作図を活用する

さらに、電源の電圧の位相は、回路に流れる電流の位相より図中のφだけ進んでいることもわかります。

逆に言えば、回路に流れる電流の位相が電源電圧の位相よりφだけ遅れているということになります。

以上のことから、回路に流れる電流Iは、

$$I = \frac{V_0}{\sqrt{R^2 + \left(\omega L - \dfrac{1}{\omega C}\right)^2}}\ \sin(\omega t - \varphi)$$

$$\left(\text{ただし、}\varphi\text{ は } \tan\varphi = \frac{\left(\omega L - \dfrac{1}{\omega C}\right)}{R}\text{ を満たす角度}\right)$$

と求めることができます。

入試問題に挑戦！

最後に、大学入試問題に挑戦してみましょう。

入試問題 ❶

交流電気回路における共振現象を考える。図に示すように、抵抗値Rの抵抗器、自己インダクタンスLのコイル、電気容量Cのコンデンサーを角周波数ωの交流電源に直列に接続した。時刻tに回路を流れる電流を$I = I_0 \sin\omega t$とするとき、交流電源の電圧は$V = V_0 \sin(\omega t + \delta)$と表されるものとする。この回路について、以下の設問に答えよ。必要であれば三角関数の公式

$$a\sin\theta + b\cos\theta = \sqrt{a^2 + b^2}\sin(\theta + a) \quad \text{ただし、} \tan a = \frac{b}{a}$$

を用いてもよい。また、$\overline{f(t)}$は関数$f(t)$の時間平均を表し、

$$\overline{\sin\omega t \cos\omega t} = 0,\ \overline{\sin^2\omega t} = \overline{\cos^2\omega t} = \frac{1}{2}\ \text{である。}$$

(1) 回路を流れる電流の振幅I_0および$\tan\delta$をV_0、R、L、C、ωのうち必要なものを用いて表せ。

(2) 交流電源が回路に供給する電力の時間平均$\overline{P}$をV_0、R、L、C、ωを用いて表せ。ただし、$\overline{P}$は抵抗器で消費される電力の時間平均に等しいことを用いてもよい。

(3) 交流電源が回路に供給する電力の時間平均は、角周波数ωがある値のときに最大値P_0となった。抵抗器の抵抗値Rを、P_0とV_0を用いて表せ。

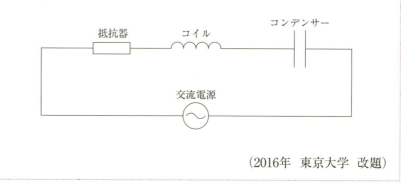

(2016年 東京大学 改題)

(1) 練習問題1と全く同じ内容の問題です。答えは、

$$I_0 = \frac{V_0}{\sqrt{R^2 + \left(\omega L - \frac{1}{\omega C}\right)^2}}$$

$$\tan\delta = \frac{\left(\omega L - \frac{1}{\omega C}\right)}{R}$$

となります。

　練習問題1で解説したように、**ベクトルをうまく使えば、問題で与えられている三角関数の公式を使った繁雑な計算は不要になる**ことがわかります。

(2) 交流回路中のコイルおよびコンデンサーでは、エネルギーが消費されません。交流電源が回路に供給する電力は、すべて抵抗で消費されるのです。

1章 ベクトルの作図を活用する

　よって、抵抗での消費電力を求めれば、それがそのまま電源が供給する電力を示します。

　抵抗での消費電力の時間平均は、

$$\overline{P} = \overline{RI^2} = RI_0^2\,\overline{\sin^2\omega t} = \frac{1}{2}\,RI_0^2 = \frac{RV_0^2}{2\left\{R^2 + \left(\omega L - \dfrac{1}{\omega C}\right)^2\right\}}$$

と求められ、これがすなわち電源が供給する電力の時間平均を示しています。

(3)　前問(2)で求めた$\overline{P}$の分母が最小になるとき、$\overline{P}$は最大値をとります。$\overline{P}$の分母は、

$$\omega L - \frac{1}{\omega C} = 0$$

のときに最小となり、そのときに$\overline{P}$は最大値P_0をとります。その値は、

$$P_0 = \frac{V_0^2}{2R}$$

ですので、ここから、

$$R = \frac{V_0^2}{2P_0}$$

と求められます。

1-6 磁場中を運動する荷電粒子

速度成分をベクトルで表す

　ベクトルを活用できる最後の例として、磁場の中を動く荷電粒子の問題を考えます。

> **例題**
>
> 　図のように、磁束密度 B の一様な磁場の中で、質量 m、電荷 q の正の荷電粒子を、磁場の方向と角 θ ずれた方向に速さ v で打ち出した。この後、荷電粒子は等速らせん運動をする。荷電粒子が図の点 O を出発したとすると、次に再びその磁力線上の点 P を通るまでに要する時間はいくらか。また、OP の長さはいくらか。
>
>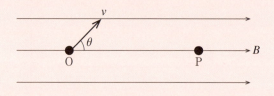

　荷電粒子が磁場の中で動くと、磁場から力を受けます。

　荷電粒子は**動かなければ磁場から力を受けません**。さらに言えば、荷電粒子が**磁場を横切る向きに動かなければ**、磁場から力を受けることはないのです。

　このことを理解するには、**荷電粒子の速度をベクトルとして表示**し、さらに「**磁場に垂直な成分**」と「**磁場に平行な成分**」に分解して考える必要があります。

1章 ベクトルの作図を活用する

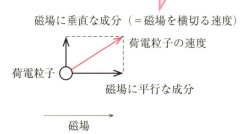

荷電粒子は、磁場を横切る速度成分だけがローレンツ力を受けるのです。その向きと大きさは、次のようになります。

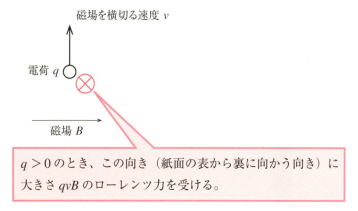

以上のことを踏まえて、今回の問題を考えてみます。

解法

荷電粒子の速度を「磁場に垂直な成分」と「磁場に平行な成分」に分解して考えると、次のようになります。

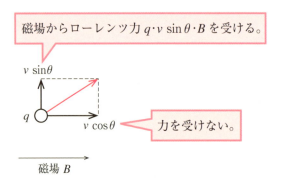

その結果、次のような2つの運動が同時に起こります。

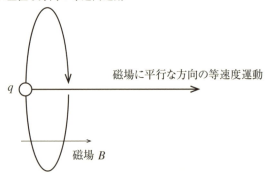

すなわち、次のように磁場に巻きつくような等速らせん運動となります。2つの方向の運動を詳細に確認してみましょう。

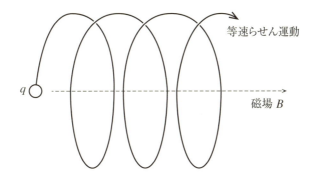

● 磁場に垂直な方向

ローレンツ力 $q \cdot v \sin\theta \cdot B$ を受けて等速円運動します。

等速円運動の運動方程式は、円運動の半径を r として、

$$m \frac{(v\sin\theta)^2}{r} = q \cdot v \sin\theta \cdot B$$

と書けるので、これを解いて、

$$r = \frac{mv\sin\theta}{qB}$$

と求められ、これを使って、

$$\text{周期 } T = \frac{2\pi r}{v\sin\theta} = \frac{2\pi m}{qB}$$

であることがわかります。これが、点Pへ到達するのにかかる時間となります。

● 磁場に平行な方向

磁場に平行は方向へは、一定の速さ $v\cos\theta$ で等速度運動します。時間 $\frac{2\pi m}{qB}$ だけかかって点Pへ到達するので、

$$\text{OPの長さ} = v\cos\theta \times \frac{2\pi m}{qB} = \frac{2\pi m v \cos\theta}{qB}$$

であることがわかります。

次の練習問題1も、ベクトルを活用して解いてみてください。

図のような導線に大きさ I の電流が流れている。半円形（半径 r）の部分が磁場（磁束密度 B）から受ける力の向きと大きさを求めよ。

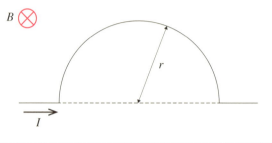

解法

電子という荷電粒子が一斉に流れていくのが電流です。

電子1つひとつが磁場からローレンツ力を受ける結果、電流全体が磁場から力を受けることになります。つまり、「電流が磁場から受ける力」の本質は「ローレンツ力」なのです。

よって、電流もベクトルで表すと考えやすくなります。そして、「磁場に垂直な成分」と「磁場に平行な成分」に分解して考えればよいのですが、今回の問題では電流はつねに磁場に垂直な向きにだけ流れています。ですので、「磁場に垂直な成分」を次のように分解すると考えやすくなります。

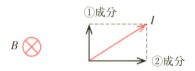

上の①成分の電流ベクトルは、それぞれの瞬間に磁場から力を受けます。しかし、半円形コイルの部分で①成分が受ける力を合計すると、0となります。

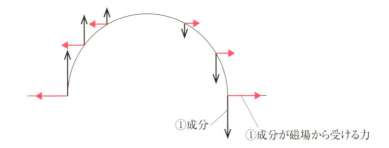

よって、②成分が受ける力を求めればよいことになります。

②成分はそれぞれの瞬間に異なる大きさの力を受けています。

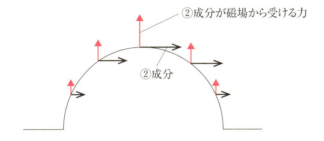

図のように考えると、位置ごとに②成分の大きさが異なるため、計算が大変になります。

そこで、②成分の向きへの変位を使って次のように考えます。

電流が受ける力の合計 ＝（Iの②成分）× B ×（半円形コイルの長さ）
　　　　　　　　　　＝ $I × B ×$（②方向の変位の合計）
　　　　　　　　　　＝ $I × B × 2r$
　　　　　　　　　　＝ $2IBr$（向きは図の上向き）

以上のように、電流Iが受ける力を求めることができます。

第1部 物理と数学

2–1 力学のグラフ
2–2 熱力学のグラフ
2–3 波動のグラフ
2–4 電磁気のグラフ（1）
2–5 電磁気のグラフ（2）

2章 グラフと微積分を活用する

　物理では、いろいろなグラフが登場します。グラフが何を表しているのか、またどのように活用すればよいか、慣れないうちは戸惑うかもしれません。しかし、ポイントを整理して理解できると、グラフほど便利なものはないことを実感してもらえるはずです。

　グラフを活用する上で押さえておきたいポイントは、グラフの「傾き」と「面積」です。そして、これらは「微分する」ことと「積分する」ことに対応します。この関係さえ押さえれば、グラフと微積分の数式を自由に行き来できるようになり、難しそうな数式を視覚的に捉えられるようになります。

　高校物理では、「$x-t$ グラフ」「$v-t$ グラフ」（力学分野）、「$P-V$ グラフ」（熱力学分野）、「$y-x$ グラフ」「$y-t$ グラフ」（波動分野）、「$Q-t$ グラフ」「$I-t$ グラフ」「$V-x$ グラフ」「$E-x$ グラフ」（電磁気学分野）というように、多くのグラフが登場します。この章では、グラフの「傾き」と「面積」に着目しながら各グラフのポイントを整理します。すると、異なる分野で登場するグラフの間に共通点があることが見えてきます。

2-1 力学のグラフ

$x-t$ グラフと $v-t$ グラフで運動を表す

力学分野では、物体のいろいろな運動を表すために $x-t$ グラフと $v-t$ グラフを使います。まずは、次の例題を通してグラフのポイントを確認しましょう。

> **例題**
>
> 物体を鉛直上向きに投げ上げた。物体の速さが初速の $\frac{1}{2}$ になったときの位置を A、最高点を B とする。B の高さは A の高さの何倍か。

これは、**等加速度直線運動**の問題で、高校物理でも最初に学習する基本的な内容です。

普通は、次の解法1のように解くと思います。

解法1　数式だけで解く

初速 v_0 で投げ上げた物体の速さが v となるときの高さを y とすると、重力加速度の大きさを g として、

$$v^2 - v_0^2 = -2gy$$

という関係が成り立ちます。

第1部　物理と数学

　今回の物体の初速は v_0 なので、AとBに達した瞬間をこの関係式にあてはめると、Aの高さを y_A、Bの高さを y_B として、

- Aのとき　$\left(\dfrac{v_0}{2}\right)^2 - v_0{}^2 = -2gy_A$

- Bのとき　$0^2 - v_0{}^2 = -2gy_B$

となります。それぞれ解くと、

$$y_A = \frac{3v_0{}^2}{8g} \qquad y_B = \frac{v_0{}^2}{2g}$$

と求められます。

$$\frac{y_B}{y_A} = \frac{v_0{}^2}{2g} \div \frac{3v_0{}^2}{8g} = \frac{4}{3}$$

　この結果から、Bの高さ y_B はAの高さ y_A の $\dfrac{4}{3}$ 倍であることがわかります。

　今回の例題は、以上のように数式を使って解くことができます。しかし、数式だけを使って解くとなかなかイメージを持って現象を理解することはできません。

　そこで、この章ではグラフを活用して解く方法を紹介します。**グラフを描くことで視覚的にスッキリと現象を捉えられるようになり**、面倒な計算も必要なくなります。

解法2　グラフを使う

　物体の初速を v_0 とすると、物体の $v-t$ グラフ（時刻 t とともに速さ v がどのように変化するかを表すグラフ）は次のようになります。

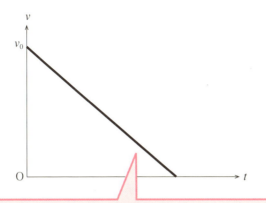

$v - t$ グラフの**傾き**は、物体の**加速度**を表す。物体は重力を受けて一定の加速度で運動するので、傾きが一定の $v - t$ グラフが描ける。

そして、**物体の移動距離**は $v - t$ グラフの**面積**によって求めることができます。

「スタート→Aの移動距離」と「A→Bの移動距離」をグラフで描くと次のようになります。

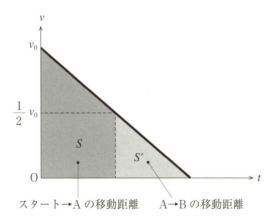

このように、**物体の移動距離をグラフの面積から考えると、視覚的にスッキリ理解できます。**

Bの高さはAの高さの $\dfrac{面積\ S + S'}{面積\ S} = \dfrac{4}{3}$ 倍であることが、即座に求められるのです。

解法2を通して、グラフを活用するメリットを感じてもらえたと思います。ここで、あらためて2種類のグラフのポイントを整理しておきます。

〈$x-t$グラフと$v-t$グラフ〉
- $x-t$グラフ：時刻tとともに物体の位置xがどのように変化するかを表したもの

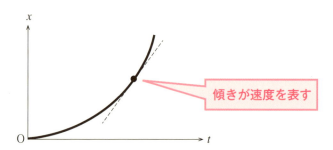

- $v-t$グラフ：時刻tとともに物体の速度vがどのように変化するかを表したもの

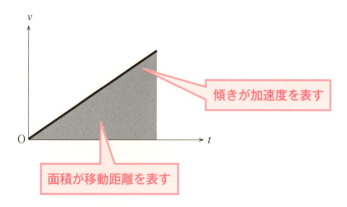

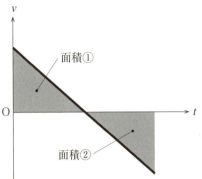

【例】$v-t$ グラフの面積と移動距離

面積①
面積②

面積① ＝ 正方向への移動距離
面積② ＝ 負方向への移動距離
⇓
変位（最終的な位置の変化）＝ 面積① － 面積②

グラフのポイントは、以上のように整理することができます。

そして、グラフの「傾き」や「面積」を求めることは、次のように微積分に対応することも理解しておくととても便利です。

● グラフの**傾きを求める**＝縦軸の値を横軸の値で**微分する**

> $x-t$ グラフの傾きが速度 v を表す。
> ⇕
> x を t で微分すると、速度 v を求められる。 $v = \dfrac{dx}{dt}$

> $v-t$ グラフの傾きが加速度 a を表す。
> ⇕
> v を t で微分すると、加速度 a を求められる。 $a = \dfrac{dv}{dt}$

●グラフの**面積を求める**＝縦軸の値を横軸の値で**積分する**

> $v-t$ グラフの面積が移動距離を表す。
>
> ⇕
>
> v を t で積分すると、変位 $\varDelta x$ を求められる。$\varDelta x = \int v dt$

※ $v < 0$ のときは $\int v dt < 0$ となるので、$\int v dt$ は移動距離ではなく変位（位置の変化）を表すことになります。

Simulation動画

次の練習問題1も、数式を使わずグラフを活用してサクサク解いてしまいましょう。

練習問題❶

初速 V で物体を鉛直に投げ上げた。物体の達する最高点の高さを H とし、投げ上げてから最高点に達するまでの時間を T とする。また、無重力状態において、初速 V で投げられた物体が時間 T の間に進む距離を H' とする。H' は H の何倍か。

解法

重力がある場合とない場合（無重力状態）の $v-t$ グラフは、それぞれ次のように描くことができます。

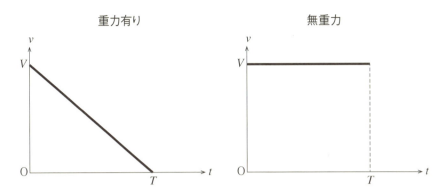

$v-t$ グラフの面積が物体の移動距離を表すので、2つの $v-t$ グラフを比べてみると、

$H' = 2H$（H' は H の2倍）

であることが即座に求められるのです。

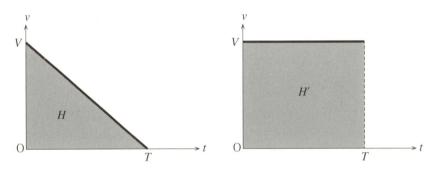

Simulation動画

Column 重力がなかったら2倍の高さに達する

練習問題1の結果を整理すると、次の事実がわかります。

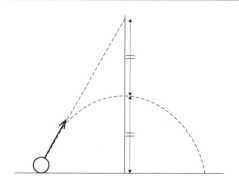

もしも物体が重力を受けずに直進したら、重力を受ける物体が最高点に達するのと同時刻に、その2倍の高さまで上昇できる。

このことを知っていると、例えば次のような問題を解くときに面倒な計算を回避できます。

問 図のように発射された物体が、距離 L だけ離れた位置へ着地した。軌道の最高点の高さを求めよ。

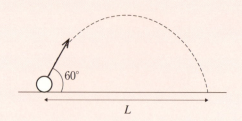

【解答】もしも物体が重力を受けずに直進したら、最高点に達する時刻に2倍の高さへ上昇することになります。そのことを図示すると、次のようになります。

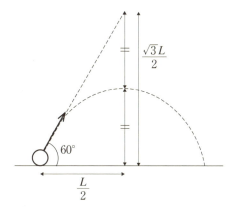

この図から、重力を受けて運動する実際の最高点の高さは、

$$\frac{\sqrt{3}L}{2} \times \frac{1}{2} = \frac{\sqrt{3}L}{4}$$

と求められます。

Simulation動画

練習問題 2

　鉛直上向きに投げ上げられた球が、反発係数（はね返り係数）e で水平な床と衝突を繰り返すことを考える。

　ある衝突から次の衝突までの球の滞空時間と、球が達する最高点の高さとは、衝突のたびにそれぞれ何倍に変化していくか。

解法

この問題も、数式で考えるより $v-t$ グラフを描いて考える方がラクですし、運動の様子がイメージできるようになります。

床から速さ V で鉛直上向きに投げ上げられた球は、同じ速さ V で床に衝突します。そして、衝突直後に速さ eV ではね返ります。

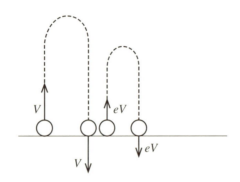

このようなことを繰り返す球の $v-t$ グラフは、次のようになります。

（速さ V で鉛直上向きに投げ上げた場合で、鉛直上向きを正の向きとしています。）

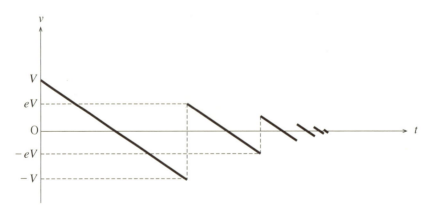

重力を受けながら運動する球の加速度は一定なので、$v-t$ グラフの傾きは一定となります。

そのことから、球の滞空時間が次のように変化することがわかります。

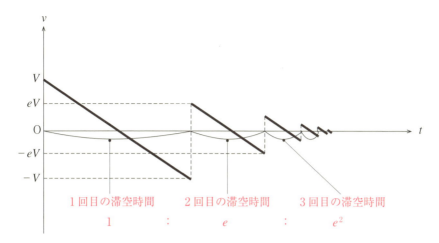

つまり、球の滞空時間は衝突のたびにe倍になっていくのです。

同じように、球の最高点の高さが次のように変化することもわかります（最高点の高さは滞空時間の2乗に比例します）。

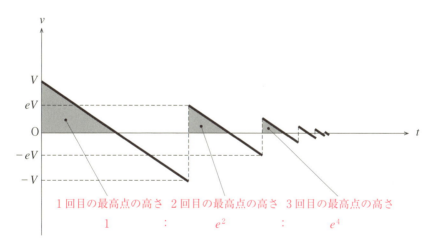

つまり、球が達する最高点の高さは衝突のたびにe^2倍になっていくのです。

| Simulation動画 |

第1部 物理と数学

Column 球がやがて弾まなくなる理由

練習問題2の結果を整理すると、次のようになります。

水平な床に衝突を繰り返すたびに、

・**球の滞空時間は e 倍**

・**球の最高点の高さは e^2 倍**

となる。

この事実は多くの問題に応用できると同時に、「弾んでいる球は時間が経つと弾まなくなる」理由も説明してくれます。

最初の球の滞空時間を T とすると、2回目以降の滞空時間は eT、e^2T、…… と変化していくので、トータルの滞空時間は、

$$T + eT + e^2T + \cdots\cdots = \frac{T(1-e^\infty)}{1-e}$$

となり、$e < 1$ であれば e^∞ が0に収束するので、上の値は $\dfrac{T}{1-e}$ に収束します。

このことは、有限の時間内に球が弾まなくなることを示しているのです。

2-2 熱力学のグラフ

$P-V$グラフで状態を表す

　次は、熱力学分野で頻出の$P-V$グラフ（気体の圧力Pと体積Vの変化を表すグラフ）について考えます。$P-V$グラフのポイントを理解して活用することで、熱力学の問題を見通しよく解けることが多々あります。まずは、例題で$P-V$グラフの特徴を確認しましょう。

> **例題**
>
> 　自由に動くピストンによって、シリンダー内を体積の等しい2室A、Bに分けた。両室に同温、同圧の気体を封入した。このとき、次の(1)、(2)の変化を与えた場合の、AとBの気体それぞれについて$P-V$グラフの概形を描け。
> (1) A室の温度を一定に保ったまま、B室の温度を上昇させる。
> (2) A室が断熱変化する状態にして、B室の温度を上昇させる。

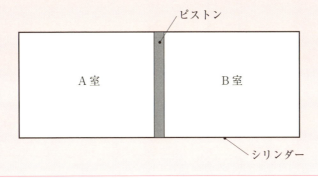

解法

(1) まずは、Aの気体について考えます。Aの気体は、温度が一定に保たれながら圧力Pと体積Vを変化させる（等温変化する）ので、温度が変化するBの気体の変化より考えやすいからです。

気体が等温変化するとき、圧力 P と体積 V は反比例しながら変化します。

よって、A の気体の $P-V$ グラフは次のように描くことができます。

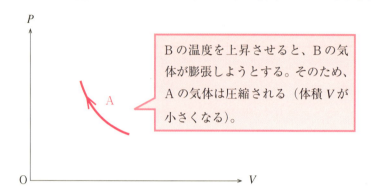

同時に、B の気体の圧力 P および体積 V も増加していきます。

A、B ともに変化するわけですが、このとき、

- A の体積 ＋ B の体積 ＝ 一定
- A の圧力 ＝ B の圧力

という関係を満たしながら変化していくことに注意すると、次のような $P-V$ グラフとなることがわかるのです。

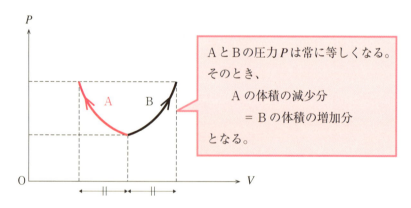

(2) B の温度を上昇させるため、前問 (1) の場合と同じく A は圧縮されます。

今回の問題では A は断熱変化するので、断熱圧縮です。

気体が断熱圧縮されるとき、温度が上昇します。よって、Aの$P-V$グラフには(1)の場合と比較して次のような違いがあります。

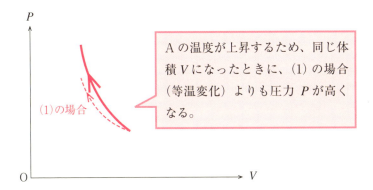

Aの温度が上昇するため、同じ体積Vになったときに、(1)の場合（等温変化）よりも圧力Pが高くなる。

Aがこのように変化するとき、Bも変化します。このとき、(1)と同様に

- Aの体積 + Bの体積 = 一定
- Aの圧力 = Bの圧力

という関係を満たしながら変化していきます。このことから、次のような$P-V$グラフを描くことができるのです。

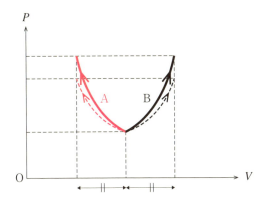

〈各変化における$P-V$グラフの特徴〉

　例題では、気体が等温変化および断熱変化する場合の$P-V$グラフを考えました。

　気体の変化の仕方は他にもあります。それぞれの場合に$P-V$グラフにどのような特徴があるか、整理しておきましょう。

●気体が定積変化する場合

気体の体積Vが一定のまま圧力Pが変化するのが定積変化なので、$P-V$グラフは次のようになります。

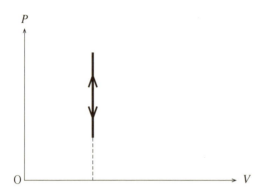

●気体が定圧変化する場合

気体の圧力Pが一定のまま体積Vが変化するのが定圧変化なので、$P-V$グラフは次のようになります。

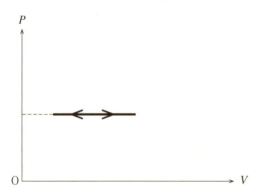

●気体が等温変化する場合

気体の温度Tが一定のとき、気体の圧力Pと体積Vは反比例しながら変化します。そのため、$P-V$グラフは次のようになります。

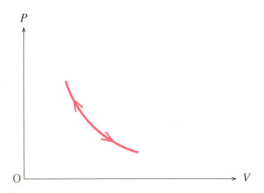

● **気体が断熱変化する場合**

「圧縮される」のか「膨張する」のかによって、温度の変化の仕方が異なります。

① （断熱的に）圧縮されると、気体の温度は上昇する。

② （断熱的に）膨張すると、気体の温度は低下する。

このことを頭に置いて、**等温変化の場合と比較する**とグラフの概形を理解しやすくなります。

① （断熱的に）圧縮されるとき

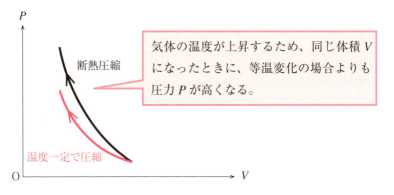

②（断熱的に）膨張するとき

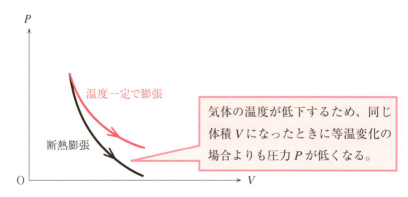

Column　身近な断熱変化

　気体の状態変化の仕方の中には、「断熱圧縮」や「断熱膨張」があります。

　断熱的に（外部との熱のやりとりがほとんどない状態で）体積が変化するわけですが、このような変化は身近なところでも起こっています。具体的な例を紹介しましょう。

● **断熱圧縮**

　ディーゼルエンジンでは、断熱圧縮による空気の温度上昇が役立っています。ディーゼルエンジンで燃やすのは、ガソリンではなく軽油（ディーゼル）です。

　ガソリンエンジンでは、空気と混合したガソリンに火花を飛ばして点火して燃やします。それに対して、ディーゼルエンジンの場合は点火プラグがありません。

　軽油は、ガソリンに比べて自然発火しやすいという性質があります。そのため、火花を飛ばさなくても高温にしてやれば自然と燃えるのです。そこで、ディーゼルエンジンでは空気が圧縮されて高温になったタイミングで軽油を噴射します。すると、軽油が高温になり発火するのです。

●断熱膨張

気温が上がって空気が暖められると、空気は膨張します。膨張するので、密度が小さくなります。密度が小さくなった空気は上昇していきます。上昇気流の発生です。

空気が上昇して高度が上がると、周囲の気圧が下がります。そのため、空気はさらに膨張しながら上昇を続けることになります。このとき、空気の温度は下がっていくのです。

空気が冷たくなると、やがて水滴が出現します。これはもともと空気中に含まれていた水蒸気が液体に変わったものです。気温が下がると空気中に含むことができる水蒸気の量（飽和水蒸気量）が減るため、水滴になるのです。

これが、雲の誕生です。雲は、空気の断熱膨張によって作られるのですね。

例題で確認した $P-V$ グラフの特徴を活用すると、次の練習問題1も簡潔に解くことができます。

練習問題 ①

図のように気体が状態変化する間の、最高温度と最低温度とを求めよ。気体の物質量を n、気体定数を R とする。

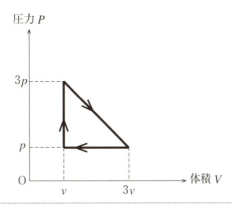

解法1　数式で解く

まずは、先に最低温度を求めます。

気体の温度 T は、気体の圧力 P と体積 V を使って $\dfrac{PV}{nR}$ と表すことができます（理想気体の状態方程式）。つまり、気体の温度 T は PV に比例するのです。

グラフの中で PV の値が最小となるのは、明らかに $P = p$、$V = v$ のときです。

よって、気体の最低温度は $\dfrac{pv}{nR}$ と求められます。

続いて、最高温度を求めます。

こちらは少し面倒です。なぜなら、気体の圧力 P と体積 V がどのような状態になったときに PV の値が最大となるかが、グラフからは即座にわからないからです。

ただ、次の変化をする過程のどこかの瞬間で PV が最大となることはわかります。

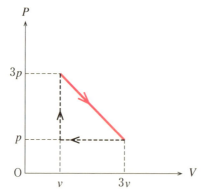

そこで、この変化をするときの気体の圧力 P と体積 V の関係を数式で表します。グラフから、

$$P = -\dfrac{p}{v} V + 4p \quad (v \leqq V \leqq 3v)$$

であることがわかります。

これを気体の温度 $T = \dfrac{PV}{nR}$ へ代入すると、

$$T = \dfrac{PV}{nR} = \dfrac{1}{nR}\left(-\dfrac{p}{v}V^2 + 4pV\right) = \dfrac{1}{nR}\left\{-\dfrac{p}{v}(V-2v)^2 + 4pv\right\}$$

となることから、気体の体積 V が $2v$ のときに、気体の温度 T は最大値（最高温度）$\dfrac{4pv}{nR}$ となることがわかるのです。

解法2　グラフを使う

気体の最高温度は、数式を使わなくても $P-V$ グラフの特徴を活用して求めることもできます。

ここでは、気体が等温変化するときの $P-V$ グラフの形に着目します。等温変化では、気体の圧力 P と体積 V が反比例しながら変化するため、$P-V$ グラフは次のような形になるのでした。

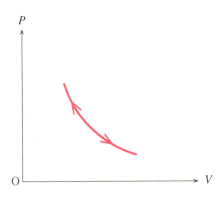

これを「等温曲線」と呼ぶことにします。

等温曲線の形は上のように決まっていますが、その位置は温度が変われば移動します。

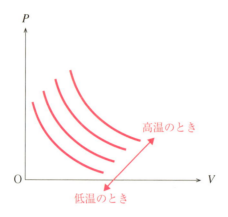

このように、温度が異なるいくつもの等温曲線を、問題で与えられている $P-V$ グラフへ書き込んでみます。すると、次のようなことが視覚的に理解できるようになるのです。

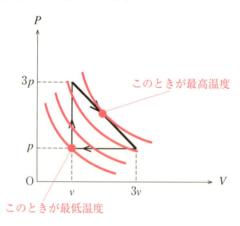

ここから、

- $P = p$、$V = v$ のとき、気体は最低温度 $\dfrac{pv}{nR}$

- $P = 2p$、$V = 2v$ のとき、気体は最高温度 $\dfrac{2p \times 2v}{nR} = \dfrac{4pv}{nR}$

となることが求められます。

【参考】気体が最高温度となる圧力 P と体積 V は、正確には次のように縦軸、横軸にぶつかる線分の中点として求めることができます。

この点で、最も温度が高いときの等温曲線と線分が接するからです。

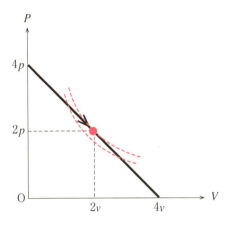

入試問題に挑戦！

それでは、$P-V$ グラフの特徴を活用して大学入試問題を解いてみましょう。

入試問題 ❶

図1に示すように、温度 T_0 の大気中に、一様な断面積 S をもつ長さ $2L$ のシリンダーが水平に置かれている。シリンダー内部は質量 M のピストンで仕切られ、ピストンの左側には 1 mol の単原子分子理想気体（気体A）が、右側には 2 mol の単原子分子理想気体（気体B）が閉じ込められている。気体定数は R とする。

ピストンは水平になめらかに動くことができる。シリンダーの壁とピストンの厚みは無視でき、シリンダーとピストンの熱容量もともに無視できるものとする。シリンダーの長さに比べてピストンの直径は十分小さいとする。

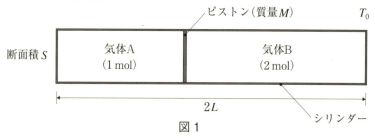

図1

シリンダーとピストンは熱伝導の良い物質でできており、気体Aと気体Bが大気と熱平衡状態になったとき、ピストンは静止し、気体Aと気体Bの圧力はともに P_0 になった。この状態を状態0とする。

次に図2に示すように、状態0のシリンダーの左端を鉛直の回転軸に固定し、気体Aと気体Bの温度を T_0 に保ちながらシリンダーをゆっくりと水平面内で回転させた。回転が徐々に加速してシリンダーの角速度が ω_1 に達したとき、ピストンと回転軸の距離が L となった。この状態を状態1として図2に示す。ここでは気体にかかる遠心力は無視できるものとする。

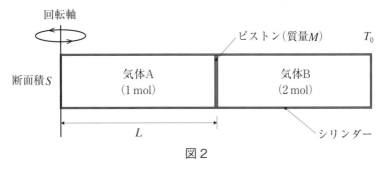

図2

　今度は、図1のシリンダーとピストンが断熱材でできていて、これらを介した気体間の熱のやり取りが完全にしゃ断されている場合を考える。シリンダーとピストンが静止していたとき、気体Aと気体Bの温度はともにT_0であった。この状態を状態0'とする。その後、シリンダーの左端を鉛直の回転軸に固定し、水平面内で回転させた。シリンダーの角速度がω_2に達したとき、ピストンと回転軸の距離はLとなった。このときの状態を状態2として図3に示す。なお、ここでも気体にかかる遠心力は無視できるものとする。

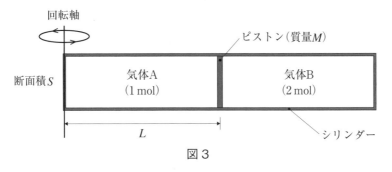

図3

　状態1のときと状態2のときにおける、気体Aの圧力、気体Bの圧力、シリンダーの角速度の大小関係をそれぞれ答えよ。

(2012年　東北大学　改題)

　状態1、2それぞれの気体A、Bの圧力を具体的に求めなくても、2つの変化における$P-V$グラフを比べることで大小関係を求めることができます。

状態1に達するとき、気体AとBは等温変化します。

状態2に達するときは、断熱変化です。

どちらの場合も、Aは膨張してBは圧縮されます。そして、状態1と状態2とでは、AとBの体積はそれぞれ等しくなります。

以上のことから、今回の$P-V$グラフは次のように描くことができます。

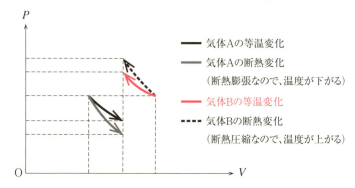

よって、

- 気体Aの圧力　状態1のとき ＞ 状態2のとき
- 気体Bの圧力　状態1のとき ＜ 状態2のとき

となることがわかります。

さらに、シリンダーの角速度を求めるには、ピストンにはたらく力のつりあいを考える必要があります。

ピストンにはたらく力のつりあいは、それぞれ次のように書くことができます。

- 状態1のとき　　$\underset{\text{気体Aが押す力}}{p_{A1} \cdot S} + \underset{\text{遠心力}}{ML\omega_1^2} = \underset{\text{気体Bが押す力}}{p_{B1} \cdot S}$

- 状態2のとき　　$\underset{\text{気体Aが押す力}}{p_{A2} \cdot S} + \underset{\text{遠心力}}{ML\omega_2^2} = \underset{\text{気体Bが押す力}}{p_{B2} \cdot S}$

そして、$p_{A1} > p_{A2}$、$p_{B1} < p_{B2}$ であることから、

$\omega_1 < \omega_2$

であることが求められます。

2-3 波動のグラフ

$y-x$ グラフと $y-t$ グラフで変位を表す

続いては、波動分野で頻出のグラフです。

波が次のようなグラフで表されることはイメージできると思います。

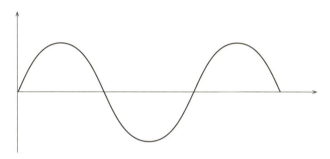

波のグラフの縦軸は、通常は変位 y を表します。変位とは、「媒質（波を伝えるもの）の元の位置からのずれ」のことです。

それに対して、横軸は「位置 x」となるときと、「時刻 t」となるときがあるので注意が必要です。

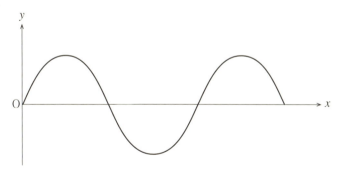

横軸：位置 x

第1部 物理と数学

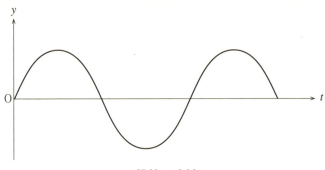

横軸：時刻 t

2つのグラフは、見た目は同じでも表していることが全く違います。
2種類のグラフの違いを理解して使いこなせるようにしましょう。

> **例題**
>
> 図は、時刻 $t = 0$ における媒質の位置 x と変位 y の関係を示したもので、x 軸の正の向きに速さ V で伝わる正弦波の一部を表している。$x = 0$ にある媒質の変位は、時刻 t とともにどのように変化するか。$0 \leqq t \leqq \dfrac{\lambda}{V}$ の範囲で、縦軸を y、横軸を t としたグラフで表せ。
>
>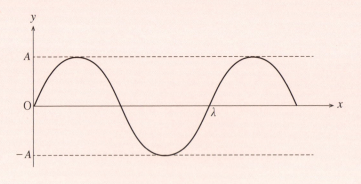

解法

まずは、問題で示された「**横軸が位置 x**」であるグラフが何を示しているのか、確認しましょう。

横軸が位置 x のグラフは、**ある時刻にそれぞれの位置の変位がどうなっているか**を表します。これはちょうど、ある瞬間に撮影した写真のようなもので、波形そのものを表します。今回の問題では、時刻 $t = 0$ の波形を表しています。

それに対して、求められているのは「**横軸が時刻 t**」であるグラフです。こちらは、**どこか 1 ヶ所の変位が時間とともにどのように変化するか**を表すものです。今回は、$x = 0$ の変位の時間変化をグラフで表せばよいのです。

それぞれの意味を理解できると、2 種類のグラフは全く異なるものであることがわかると思います。

具体的に描いて、違いを確認してみましょう。

今回 $y - t$ グラフを描きたいのは、与えられたグラフの次の位置についてです。

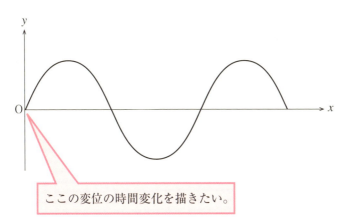

ここの変位の時間変化を描きたい。

上のグラフは時刻 $t = 0$ についてのものですから、時刻 $t = 0$ ではこの位置の変位 $y = 0$ であることがわかります。

では、その後の変位はどうなるのでしょう?

そのヒントとなるのが、この波が「x軸の正の向きに」伝わるということです。このことから、時刻$t = 0$のほんの少しあとには、波形が次のように変わることがわかります。

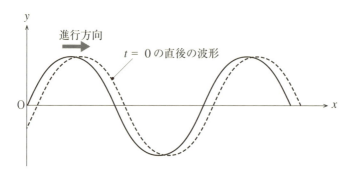

このように、波形がどのように変わっていくのかを確かめると、位置$x = 0$は負の向きから振動を始めることがわかります。

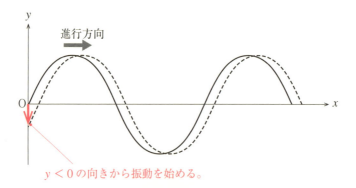

よって、求める$y - t$グラフの概形は次のようになることがわかります。

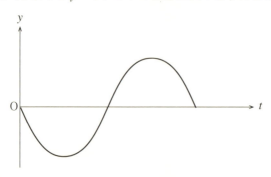

波の周期（1回振動するのにかかる時間）が $\dfrac{波長}{波の速さ} = \dfrac{\lambda}{V}$ であることから、求めるグラフは次のようになります

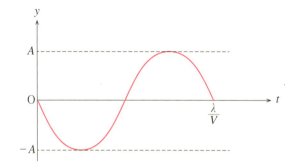

今度は、例題とは逆に $y-t$ グラフを $y-x$ グラフに描きかえる練習をしてみましょう。

練習問題 ❶

位置 $x=0$ における媒質の変位 y が時刻 t とともに図のように変化する、波長 λ の正弦波がある。この正弦波が x 軸の負の向きに進む場合の、時刻 $t=0$ における波形をグラフで表せ。

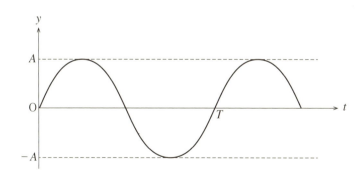

解法

　与えられているのは、位置 $x = 0$ の変位が時刻 t とともにどのように変化していくかを表すグラフです。これを $y - x$ グラフにしたいのですが、まずは概形を確認します。

　与えられたグラフから確実にわかるのは、位置 $x = 0$ の時刻 $t = 0$ での変位が 0 であるということです。そのことから、$t = 0$ の $y - x$ グラフの概形が次の①と②のどちらかであることがわかるのです。

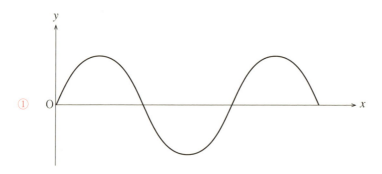

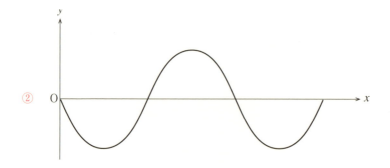

　このようにグラフの形の候補が 2 つに絞られたので、逆に①、②それぞれの場合に $y - t$ グラフがどのような形になるかを考えてみます。そうすれば、与えられた $y - t$ グラフに合致する $y - x$ グラフを決定できます。

●①の場合

波がx軸の負の向きに進むので、次のようになります。

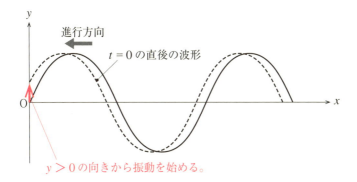

これより、位置$x = 0$の$y - t$グラフの概形は次のようになります。

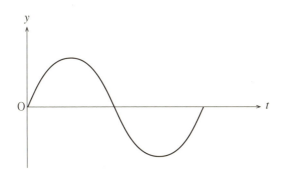

●②の場合

波がx軸の負の向きに進むので、次のようになります。

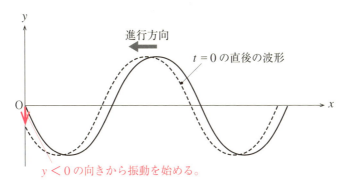

これより、位置 $x = 0$ の $y - t$ グラフの概形は次のようになります。

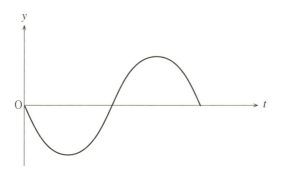

以上の考察から、与えられた $y - t$ グラフに合致する $y - x$ グラフは①であることがわかるので、求めるグラフは次のようになります。

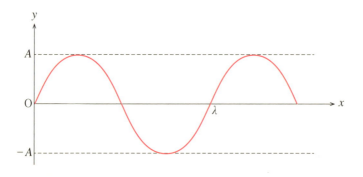

入試問題に挑戦！

ここまでの練習を通して、波の2種類のグラフの違いを理解してもらえたと思います。2つの違いを意識しながら、次の大学入試問題を解いてみましょう。

入試問題 ①

　図1上図のように原点Oにスピーカーを置き、一定の振幅で、一定の振動数 f の音波を x 軸の正の向きに連続的に発生させる。空気の圧力変化に反応する小さなマイクロホンを複数用いて、x 軸上（$x>0$）の各点で圧力 p の時間変化を測定する。

　ある時刻において、x 軸上（$x>0$）の点P付近の空気の圧力 p を x の関数として調べたところ、図1下図のグラフのようになった。ここで距離OPは音波の波長よりも十分長く、また音波が存在しないときの大気の圧力を p_0 とする。圧力 p が最大値をとる $x=x_0$ から、つぎに最大値をとる $x=x_8$ までの x の区間を8等分し、x_1、x_2、…、x_7 と順に座標を定める。

(a)　x_1 から x_8 までの各位置の中で、x 軸の正の向きに空気が最も大きく変位している位置、および x 軸の正の向きに空気が最も速く動いている位置はそれぞれどれか。

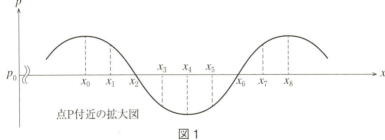

図1

　つぎに点Pで空気の圧力 p の時間変化を調べたところ、図2のグラフのようになった。圧力 p が最大値をとる時刻 $t=t_0$ から、つぎに最大値をとる時刻 $t=t_8$ までの1周期を8等分し、t_1、t_2、…、t_7 と順に時刻を定める。

(b) t_1 から t_8 までの各時刻の中で、x 軸の正の向きに空気が最も大きく変位しているのはどの時刻か。

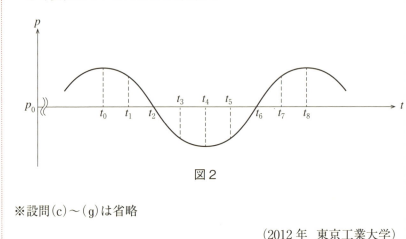

図2

※設問(c)～(g)は省略

(2012年 東京工業大学)

　この問題で最も注意すべきは、図1の横軸は「位置 x」であるのに対し、図2の横軸は「時刻 t」であるという点です。

(a) 図1は、位置 x による大気の圧力 p の変化を表したグラフです。
　空気は音波（縦波）の進行方向と同じ方向に変位します。そのため、圧力変化が生じるのです。

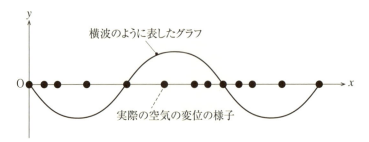

　実際の空気の変位がわかると、圧力 p が最大および最小となるのは次のような位置であることがわかります。圧力は、空気の「密度」に比例するためです。

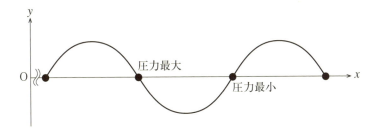

これをもとに、図1（縦軸が圧力p）を縦軸が「変位y」のグラフに対応させると、次のようになります。

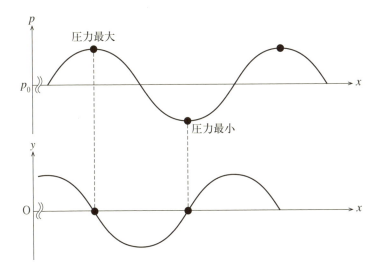

ここから、最も大きく変位している位置はx_6であることがわかります。

さらに、最も速く動いている位置も求める必要があります。これについてはいろいろな求め方がありますが、ここでは「この時刻のほんの少しあとに、波形がどのように変わるか」を考えて求めてみます。

音波はx軸の正の向きに進むので、次のようになります。

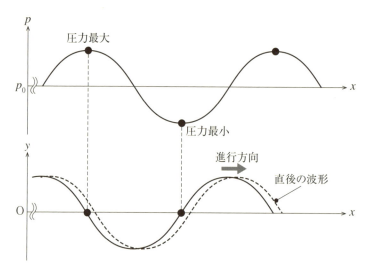

この間に、x 軸の正の向きに最も大きく動いているのは x_8 であることがわかり、これが x 軸の正の向きに最も速く動いている位置であるとわかります。

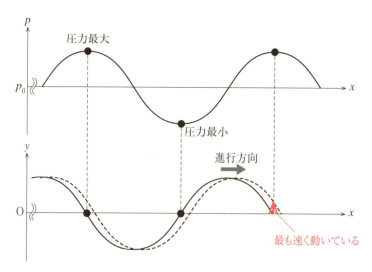

(b) 図2は、横軸が「時刻 t」であることに注意します。

まずは、$y-t$ グラフの中で「圧力最大」「圧力最小」の位置を確認します。

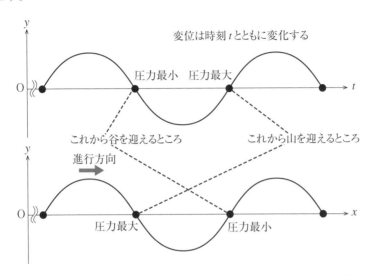

上のように $y-t$ グラフを $y-x$ グラフと対比させると、前問 (a) の考察を活かして図2を $y-t$ グラフと対応させることができます。

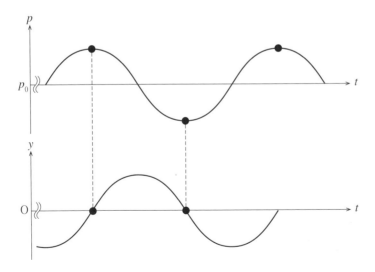

ここから、最も大きく変位している時刻は t_2 であることがわかります。

参考までに、x 軸の正の向きに空気が最も速く動いている時刻も求めてみましょう。

これについては、「2-1 力学のグラフ」(p.69)で学んだ「**$y-t$ グラフの傾きが速度 v を表す**」ことを利用して求めてみましょう。

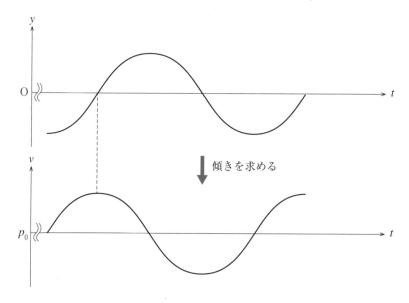

先ほどの対応関係にまとめると、次のようになり、ここから x 軸の正方向へ最も速く動く時刻は t_8 であると求められます。

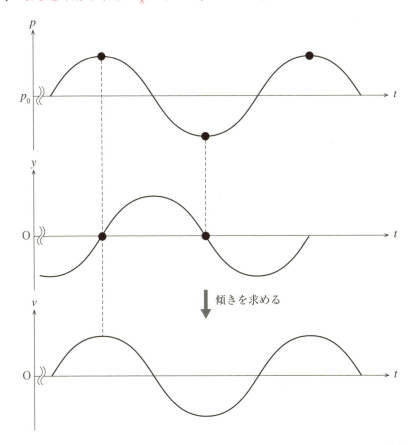

波のグラフについて考えるときにも、力学分野で学んだグラフの関係を活用できるのです。

分野をまたいで学習することの醍醐味ですね。

2-4 電磁気のグラフ(1)

$Q-t$ グラフと $I-t$ グラフで電気量を表す

最後に、電磁気学で登場するグラフを見ていきましょう。

電磁気学では、

- $Q-t$ グラフと $I-t$ グラフ
- $V-x$ グラフと $E-x$ グラフ

が登場します。ここでは $Q-t$ グラフと $I-t$ グラフのポイントを整理し、$V-x$ グラフと $E-x$ グラフについては次節「2-5 電磁気のグラフ(2)」(p.118)で解説します。

> **例題**
>
> 図のように、電圧 V の直流電源、抵抗値 R の抵抗、電気容量 C のコンデンサーをつないだ。最初、コンデンサーに電荷はないものとする。時刻 $t=0$ にスイッチを入れたところ、時刻 t とともにコンデンサーの電荷 Q はグラフのように変化した。このとき、時刻 t とともに回路を流れる電流 I がどのように変化するかを表すグラフ ($I-t$ グラフ) を描け。
>
>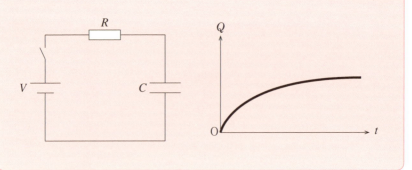

解法

問題で示されているのは、時刻 t とともにコンデンサーの電荷 Q がどのように変化するかを表す $Q - t$ グラフです。

そして、求めたいのは時刻 t とともに回路を流れる電流 I がどのように変化するかを表す $I - t$ グラフです。

2つのグラフには、どのような関係があるのでしょう？

ここで、電流 I の意味（定義）を確認しておきます。電流 I とは「単位時間に流れる電荷 Q」を意味します。式で表すと、次のような関係です。

$$I = \frac{dQ}{dt}$$

つまり、電荷 Q を時間 t で微分すると電流 I になるということで、これは $Q - t$ グラフの傾きを求めることに相当するのでした。

> $Q - t$ グラフの傾きが電流 I を表す。
> $\Updownarrow$
> Q を t で微分すると電流 I を求められる。　$I = \dfrac{dQ}{dt}$

問題で与えられている $Q - t$ グラフ（の接線）の傾きは、どんどん小さくなり、やがて 0 に収束していきます。

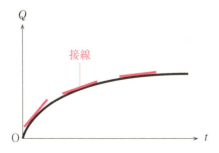

そのことを $I - t$ グラフとして表すと、次のような概形となります。

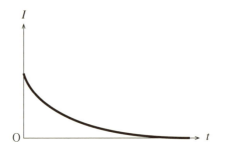

　ここへ、スイッチを入れた瞬間（$t = 0$）の電流 I の値を書き込みます。$t = 0$ にはコンデンサーが空っぽで電圧 0 のため、

　　抵抗の電圧 RI ＝ 電源の電圧 V

となります。ここから、$I = \dfrac{V}{R}$ と求められるので、求めるグラフは次のようになります。

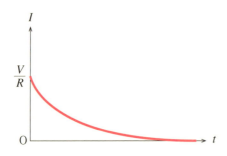

次に、練習問題を解いてみてください。

練習問題 ❶

　図のように、十分長い2本の導線 ab と cd が、水平に間隔 L だけ隔てて平行に置かれている。ac 間には電気容量 C のコンデンサーが接続されている。2本の導線の間には、鉛直上向きで磁束密度 B の一様な磁場がかけられている。2本の導線上に、導線に垂直になるように導体棒を置いた。静止していた導体棒を、時刻 $t = 0$ から一定の加速度 A で水平方向へ動かしていくと、コンデンサーに電荷が蓄えられていった。時刻 t に回路に流れる電流の大きさを求めよ。2本の導線、導体棒の抵抗は無視してよい。

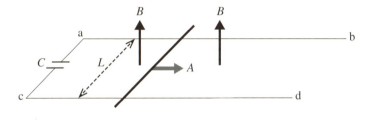

解法

　磁場を横切る導体棒には、誘導起電力が発生します。まずは、その大きさを求めてみましょう。

　加速度 A で加速していく導体棒の、時刻 t での速さ $v = At$ となります。よって、導体棒に生じる誘導起電力 V は次のように求められます。

$$V = BLv = BLAt$$

　コンデンサーには、導体棒の誘導起電力 $V = BLAt$ と等しい電圧がかかります。よって、時刻 t でのコンデンサーの電荷 Q は次のようになります。

第1部 物理と数学

$$Q = C \cdot V = C \cdot BLAt$$

　以上のように、コンデンサーの電荷 Q を時刻 t の関数として表すことができました。これさえできれば、電流 I はすぐに求められます。$I = \dfrac{dQ}{dt}$ の関係を使えばよいのです。

　時刻 t での電流 I は、

$$I = \frac{dQ}{dt} = CBLA$$

と求められます。

　つまり、この回路に流れる電流は時刻 t によらず一定となることがわかるのです。

入試問題に挑戦！

最後に、大学入試問題に挑戦してみましょう。

入試問題 ①

図のように、xy 平面上に置かれた縦横の長さがともに $2a$ の回路を一定の速さ v で x 軸正方向に動かす。回路の左下の点 P と右下の点 Q は常に x 軸上にあり、点 Q の座標を $(X, 0)$ とする。磁束密度 B の一様な磁場が、$y < x$ の領域にのみ紙面に垂直にかけられている。導線の太さ、コンデンサー（電気容量 C）の素子の大きさ、導線の抵抗および回路を流れる電流が作る磁場の影響は無視できるものとして、以下の設問に答えよ。

(1) $0 < X < 2a$ のときに導線を時計回りに流れる電流の大きさを求めよ。

(2) $2a < X < 4a$ のときに導線を時計回りに流れる電流の大きさを求めよ。

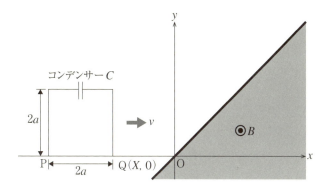

(2012 年　東京大学　改題)

(1) $0 < X < 2a$ のとき、磁場を横切るのは回路の右側の導線だけなので、その部分にだけ誘導起電力が生じます（下側の導線も磁場の中を通過しますが、磁場を**横切らない**ので誘導起電力は発生しません）。

右側の導線の磁場に侵入した長さが X であることから、誘導起電力 BXv が生じ、電流 I が次のような向きに流れます。

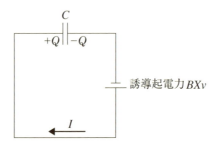

コンデンサーには電圧 BXv がかかるので、コンデンサーの電荷 Q は、

$Q = C \cdot BXv$

となります。

そして、$I = \dfrac{dQ}{dt}$ の関係を使えば、回路に流れる電流 I は、

$I = \dfrac{dQ}{dt} = CBv \cdot \dfrac{dX}{dt} = CBv^2$

と求められます。

$\dfrac{dX}{dt} = v$

(2) $2a < X < 4a$ のとき、回路の左側の導線も磁場を横切るようになるので、そちらにも誘導起電力が生じます。

磁場中に侵入した右側の導線の長さは $2a$、左側の導線の長さは $X - 2a$ となることから、右側には誘導起電力 $B \cdot 2a \cdot v$、左側には誘導起電力 $B(X - 2a)v$ が生じ、電流 I' が次のような向きに流れます。

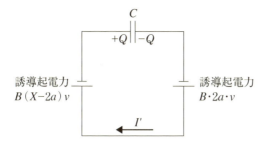

このとき、コンデンサーには、

$$B \cdot 2a \cdot v - B(X - 2a)v = B(4a - X)v$$

の電圧がかかるので、コンデンサーの電荷 Q は、

$$Q = C \cdot B(4a - X)v$$

となります。

そして、$I = \dfrac{dQ}{dt}$ の関係を使えば回路に流れる電流 I' は、

$$I' = \frac{dQ}{dt} = -CBv \cdot \frac{dX}{dt} = -CBv^2$$

と求められます（答えは CBv^2）。

$X = 2a$ となる瞬間を境目として、回路に流れる電流が大きさはそのままで向きだけ逆転する、という現象が起こることがわかります。

2-5 電磁気のグラフ（2）
$V-x$ グラフと $E-x$ グラフで電位差を表す

続いて、$V-x$ グラフと $E-x$ グラフについて解説します。こちらも、電磁気の問題を解くのに活用できます。

> **例題**
>
> 図のような磁束密度 B の一様な磁場の中で、長さ L の導体棒を図のように一定の速さ v で動かした。このとき、導体棒中の電子が移動することで導体棒中には電場が生じる。点 O から距離 x の位置に生じる電場の強さを求め、それをもとに導体棒に生じる誘導起電力の大きさを求めよ。
>
>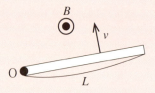

導体棒が磁場の中で運動すると、導体棒のそれぞれの位置に電場 E が生じます。そして、その結果として導体棒には電圧（誘導起電力）V が生じるのです。

この問題ではこの2つの値 E、V を求める必要がありますので、まずは両者の関係を確認しておきましょう。

導体棒上の位置 x によって電場 E がどのように変化するかを表すグラフを「$E-x$ グラフ」といいます。また、位置 x によって電位 V がどのように変化するかを表すグラフを「$V-x$ グラフ」といいます。

両者の間には、次のような関係があります。

> $V-x$ グラフの傾きが電場 E を表す。
>
> ⇕
>
> V を x で微分すると電場 E を求められる。$E = \dfrac{dV}{dx}$

> $E-x$ グラフの面積が電位差（電圧）V を表す。
>
> ⇕
>
> E を x で積分すると電位差 V を求められる。$V = \int E\,dx$

ここでもやはり、グラフの関係を微積分と合わせて理解しておくと便利です。

※ ただし、$E = \dfrac{dV}{dx}$ については、電場 E の正の向きを x 軸の正の向きとすると、$E = -\dfrac{dV}{dx}$ のように符号を調整する必要があります。

以上のことを確認した上で、今回の問題を解いてみましょう。

解法

まずは、導体棒中の位置 x に生じる電場 E です。これは、導体棒中の電子 $-e$ にはたらく力のつりあいから求められます。

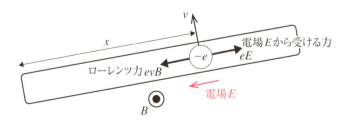

力のつりあい $eE = evB$ より、位置 x の電場 E は、

$E = vB$

であることが求められます。

これは位置 x によらず一定です。つまり、導体棒中には一様な電場が生じるのです。

その様子を $E-x$ グラフに表すと、次のようになります。

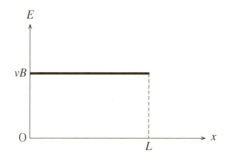

そして、$E-x$ グラフの面積が電位差（電圧）V を表すことから、導体棒に生じる誘導起電力は vBL と求められます。

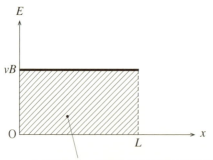

この面積 vBL が導体棒の両端の電位差（=誘導起電力）を表す。

練習問題 1

図のような磁束密度 B の一様な磁場の中で、長さ L の導体棒を図のように点 O を中心にして一定の角速度 ω で回転させた。このとき、導体棒中の電子が移動することで導体棒中には電場が生じる。点 O から距離 x の位置に生じる電場の強さを求め、それをもとに導体棒に生じる誘導起電力の大きさを求めよ。

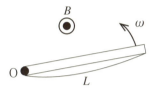

解法

まずは、例題と同じように導体棒中の電子にはたらく力のつりあいを考えることで、位置 x の電場 E を求めてみましょう。

今度は、導体棒が回転運動するため、位置 x によって電子の速さ $x\omega$ が違うことに注意が必要です。

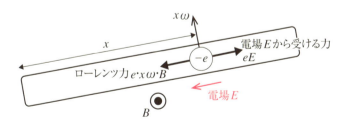

力のつりあい $eE = ex\omega B$ より、位置 x の電場 E は、

$$E = \omega B x$$

であることが求められます。

今度は、位置 x によって電場 E が変化します。一様な電場とはならないのです。

その様子を $E - x$ グラフに表すと、次のようになります。

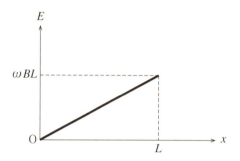

そして、$E - x$ グラフの面積が電位差（電圧）V を表すことから、導体棒に生じる誘導起電力は $\frac{1}{2}\omega BL^2$ と求められます。

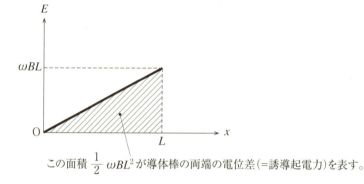

この面積 $\frac{1}{2}\omega BL^2$ が導体棒の両端の電位差(＝誘導起電力)を表す。

ところで、鋭い人は次のような疑問を持つかもしれません。

「回転する導体棒中の電子には遠心力がはたらく。力のつりあいを考えるとき、遠心力を含めなくてよいのか？」

たしかに遠心力を考慮する必要があるように思えますが、今回は不要です。理由は、「電子は、遠心力と逆向きに遠心力と同じ大きさの力を周りの陽イオンから受けているから」です。

回転する導体棒が磁場の中になかったとしたら、電子はローレンツ力を

受けません。そして、電場も生じませんから電場から受ける力も当然ありません。しかし、遠心力ははたらきます。

電子にはたらく力が遠心力だけだったら、電子にはたらく力はつりあわなくなってしまいます。でも、実際にはつりあっています。それは、導体棒中の陽イオンが電子の移動を妨げるからです。

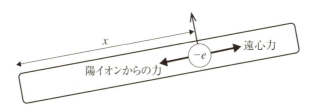

これらの力は、磁場の中であろうがなかろうが、同じようにはたらきます。今回の問題の状況でもはたらいています。ただし、つりあっているのでわざわざそれを考える必要はないのです。

練習問題 ❷

x 軸上の $0 \leq x \leq X$ の範囲に、無限遠を基準としたときの電位が $V(x) = x^3$ となるような電場を作った。この電場の x 軸方向の電場 $E(x)$ を、x の関数として求めよ。ただし、x 軸の正の向きを電場の正の向きとする。

例題と練習問題1では、次の関係を利用して、電場 E をもとに電位差 V を求めました。

> $E - x$ グラフの面積が電位差（電圧）V を表す。
> $\Updownarrow$
> E を x で積分すると電位差 V を求められる。$V = \int E\,dx$

今回は電位 V が与えられていますので、次の関係を利用すれば電場 E を求めることができます。

第1部 物理と数学

$V - x$ グラフの傾きが電場 E を表す。

$\Updownarrow$

V を x で微分すると電場 E を求められる。 $E = \dfrac{dV}{dx}$

解法

与えられている電位 $V(x)$ を位置 x で微分すると、

$$\frac{dV(x)}{dx} = 3x^2$$

となります。

ただし、電場 E は電位 V の高い側から低い側へ向かうことに注意すると、今回は x 軸の負の向きに電場 E が生じていることがわかります。

そのことに注意すると、

$$E(x) = -\frac{dV(x)}{dx} = -3x^2$$

と求めることができます。

このように、電場 E を求めるときには符号の調整をする必要があることに気をつけてください。

3章 近似式を活用する

3−1 力学の近似式
3−2 熱力学の近似式
3−3 波動の近似式
3−4 電磁気の近似式

　物理の問題を解くときには、どうしても計算が必要になります。
　その際、計算式が複雑になる場合は近似して計算することもあります。
　物理の問題（特に大学入試問題）を解く際に最も多く使うのは、次の近似式です。

$$(1+x)^n \fallingdotseq 1+nx \quad （この近似式は x \ll 1 のときに成り立つ）$$

　難しく見えるかもしれませんが、使い方のコツさえ押さえればこの式はとても便利です。
　そして、どの分野の問題を解くときにも、使い方は変わりません。ここでしっかりマスターすれば、いろいろな分野の多くの問題をスムーズに解けるようになります。

3-1 力学の近似式

力学現象を近似して考える

まずは、力学分野の問題で近似式の使い方を確認してみましょう。

> **例題**
>
> 不導体でできたパイプを鉛直に置き、電荷 $+q$ を持つ球 A をパイプ中のある位置に固定した。さらに、もう 1 つの同じ電荷 $+q$ を持つ質量 m の球 B を準備した。球 B には重力と球 A からの静電気力がはたらくものとする。この 2 つの力がつりあう位置よりほんのわずかだけずれた位置で球 B を静かに放すと、球 B はどのような運動をするか。ただし、クーロンの法則の比例定数を k、重力加速度の大きさを g とする。なお、$x \ll 1$ のとき、$(1+x)^n \fallingdotseq 1 + nx$ という近似式が成り立つことを用いてよい。
>
>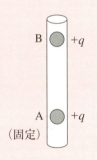

具体的な問題の中で、近似式の使い方をマスターしていきましょう。

近似式 $(1+x)^n \fallingdotseq 1 + nx \ (x \ll 1)$ を上手に使うためのポイントは、次の 2 つです。

第 1 部　物理と数学

ポイント ①

まずは、「$1 + x$」という形を作る必要があります。

$x \ll 1$ なので、「$1 + \dfrac{小さい値}{大きい値}$」と表す方が直感的にわかりやすいかもしれません。

いずれにしろ、最初からこの形の式が与えられることは少なく、**自分でこのように変形する必要がある**場合がほとんどです。

近似式を使うためにはこのような式変形が必要だ、ということを知っておくだけで、近似式をスムーズに使えるようになります。

ポイント ②

$n > 0$ でなくてもこの近似式は成り立つことに気をつける必要があります。

例えば、$\dfrac{1}{1+x} = (1+x)^{-1}$ と表せます。そのため、$x \ll 1$ であれば次のように近似式を使うことができます。

$$\dfrac{1}{1+x} = (1+x)^{-1} \fallingdotseq 1-x$$

n は正の値とは限らないことに注意して、分数を指数で表現することで近似式を上手く使える場面が多々あります。

なお、n は実数なら何でも OK です。負の数はもちろんのこと、分数などでもこの近似式を使うことができます。

以上のことを頭に置いて、今回の問題を解いてみましょう。

128

解法

まずは、球Bにはたらく力を確認します。

2つの球の間隔を r とすると、球Bには次のような力がはたらきます。

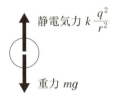

間隔 r のときに2つの力がつりあうとすると、次の式が成り立ちます。

$$k\frac{q^2}{r^2} = mg$$

したがって、つりあいの位置から球Bが上方に x だけずれたとすると、球Bには下向きに、

$$mg - k\frac{q^2}{(r+x)^2} = k\frac{q^2}{r^2} - k\frac{q^2}{(r+x)^2}$$

の大きさの力がはたらくことがわかります。

さて、球Bにはたらく力はこのように複雑な形になってしまいました。

しかし、このようなときに、近似式が活躍するのです。どのように使えばよいでしょう？

まず、ポイント1のとおりに式変形します。

今回は、分母にある $(r+x)^2$ を次のように変形します。

$$(r+x)^2 = r^2\left(1+\frac{x}{r}\right)^2$$

すると、Bにはたらく力は次のように整理することができます。

第 1 部　物理と数学

$$k \frac{q^2}{r^2} - k \frac{q^2}{(r+x)^2} = k \frac{q^2}{r^2} - k \frac{q^2}{r^2 \left(1 + \frac{x}{r}\right)^2}$$

$$= k \frac{q^2}{r^2} \left\{ 1 - \frac{1}{\left(1 + \frac{x}{r}\right)^2} \right\}$$

　ここで、球 B はつりあいの位置からほんのわずかしかずらしていないので、$x \ll r$ です。つまり、$\frac{x}{r} \ll 1$ となるのです。これが成り立つことが近似式を使える条件ですので、確認しておく必要があります。

　そして、ポイント 2 を思い出せば、式中の $\dfrac{1}{\left(1 + \frac{x}{r}\right)^2}$ は、

$$\frac{1}{\left(1 + \frac{x}{r}\right)^2} = \left(1 + \frac{x}{r}\right)^{-2}$$

と表せるのです。

　これで、近似式をスムーズに使うための準備は整いました。

　上の式に $(1 + x)^n \fallingdotseq 1 + nx$ の近似をあてはめると、

$$\left(1 + \frac{x}{r}\right)^{-2} \fallingdotseq 1 - 2 \frac{x}{r}$$

となります。

　よって、B にはたらく力は次のように整理できることがわかります。

$$k \frac{q^2}{r^2} \left\{ 1 - \frac{1}{\left(1 + \frac{x}{r}\right)^2} \right\} = k \frac{q^2}{r^2} \left\{ 1 - \left(1 + \frac{x}{r}\right)^{-2} \right\}$$

$$\fallingdotseq k \frac{q^2}{r^2} \left\{ 1 - \left(1 - 2 \frac{x}{r}\right) \right\}$$

$$= \frac{2kq^2}{r^3} x$$

この力には、

・大きさがつりあいの位置からのずれ x に比例する。

・つりあいの位置に向いている。

という特徴があります。

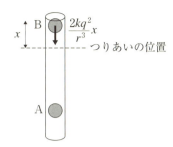

　この2つの特徴を備えた力を「復元力」といい、復元力を受ける物体は単振動をします。

　単振動の周期 T は、復元力の比例定数 $K = \dfrac{2kq^2}{r^3}$ を使って次のように求められます。

$$T = 2\pi\sqrt{\dfrac{m}{K}} = 2\pi\sqrt{\dfrac{m}{\dfrac{2kq^2}{r^3}}} = \dfrac{\pi r}{q}\sqrt{\dfrac{2mr}{k}}$$

　つまり、球Bはつりあいの位置を中心として、周期 $\dfrac{\pi r}{q}\sqrt{\dfrac{2mr}{k}}$ の単振動をすることになるのです。

Simulation動画

第 1 部　物理と数学

> **入試問題に挑戦！**

それでは、近似式を使う大学入試問題を解いてみましょう。

> **入試問題 ❶**

　図1のように雨の日の窓ガラスや浴室の壁に水滴が付着しているようすは日常的に目にする。図2のように水滴が流れ落ちるようすもよく見かける。

図1　ガラスに付着した水滴　　図2　ガラスを水滴が流れ落ちた跡

　鉛直に立てたなめらかな面に付着した水滴がどのように流れるのか考えよう。この現象には非常に複雑な物理的過程をともなうが、取り扱いを簡単にするために、図3のように鉛直面は一様に濡れており、厚み d の水の膜で覆われているものとする。水滴は半径 r、質量 m の半球とし、重力等による変形は無視する。水滴が静止しているとき鉛直面から受ける鉛直上向きの抗力の最大値は付着面の断面積に比例する（比例定数を h とする）と考える。水滴が運動している場合にはその最大の抗力がはたらくものとする。図4のように、水滴は通過した部分の水をすべて取り込み、成長しながら落下し、途中で分裂しないものとする。重力加速度の大きさを g、水の密度を ρ とし、空気の抵抗は無視できるものとする。鉛直下向きに z 軸をとり、以下の問いに答えなさい。

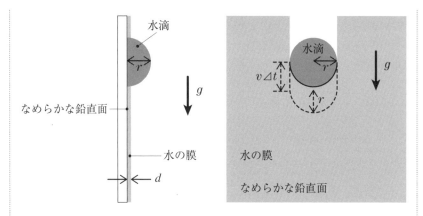

図3 濡れた面に付着した水滴を側面からみた模式図

図4 落下する水滴をなめらかな鉛直面の正面からみた模式図

(1) 静止している半径 r の水滴が受ける鉛直方向の最大の抗力の大きさを式で表しなさい。

(2) 半径 r の水滴の質量 m を水の密度 ρ などを用いて表しなさい。

(3) 水滴が落下し始める半径を水の密度 ρ などを用いて表しなさい。

(4) 水滴の半径が r から $r+\varDelta r \left(\dfrac{\varDelta r}{r} \ll 1\right)$ となったときの質量の変化分 $\varDelta m$ を $\varDelta r$ の1次式で表しなさい。$|x| \ll 1$ のとき $(1+x)^a = 1+ax$ と近似できることを用いてよい。

(5) 半径 r の水滴が速度 v で落下するとき、時間 $\varDelta t$ の間に水滴が取り込む水の膜の水の質量 $\varDelta m$ を $\varDelta t$, r, v などを用いて表しなさい。ただし、時間 $\varDelta t$ の間の速度、半径の変化は無視してよい。

(6) 時間 $\varDelta t$ の間の水滴の位置の変化 $\varDelta z$ に対する半径の変化 $\varDelta r$ の比 $\dfrac{\varDelta r}{\varDelta z}$ を求めなさい。

(2018年 東京慈恵会医科大学 改題)

第 1 部　物理と数学

(1)　水滴の付着面の断面積は πr^2 です。

　水滴が受ける鉛直上向きの抗力の最大値はこれに比例し、その比例定数が h なので、

　　　水滴が受ける鉛直上向きの抗力の最大値 $= h\pi r^2$

(2)　水滴の体積は球の体積の半分なので、$\dfrac{4}{3}\pi r^3 \times \dfrac{1}{2} = \dfrac{2}{3}\pi r^3$ です。

　水滴の質量 m は、これに密度 ρ をかければ求められます。

　　　$m = \dfrac{2}{3}\pi\rho r^3$

(3)　水滴には、重力 $mg = \dfrac{2}{3}\pi\rho r^3 g$ がはたらきます。

　この値が、水滴が受ける鉛直上向きの抗力の最大値と等しくなるときが、落下し始めるとき（正確には、落下し始める直前）です。

　よって、求める半径を r' とすると、次の関係が成り立ちます。

　　　$\dfrac{2}{3}\pi\rho r'^3 g = h\pi r'^2$

　これより、求める半径 r' は、

　　　$r' = \dfrac{3h}{2\rho g}$

(4)　水滴の半径が $r + \varDelta r$ に変化するとき、水滴の質量は、

　　　$m + \varDelta m = \dfrac{2}{3}\pi\rho (r + \varDelta r)^3$

　これと $m = \dfrac{2}{3}\pi\rho r^3$ の差を計算することで $\varDelta m$ を求められますが、そのときに近似計算が必要となります。

　　　$(r + \varDelta r)^3 = r^3 \left(1 + \dfrac{\varDelta r}{r}\right)^3$

と変形できるので（このとき、$\dfrac{\varDelta r}{r} \ll 1$ であることを確認しておきます）、ここへ $(1 + x)^n \fallingdotseq 1 + nx$ の近似をあてはめると、

　　　$(r + \varDelta r)^3 = r^3 \left(1 + \dfrac{\varDelta r}{r}\right)^3 \fallingdotseq r^3 \left(1 + \dfrac{3\varDelta r}{r}\right)$

134

よって、

$$\Delta m = \frac{2}{3}\pi\rho(r + \Delta r)^3 - \frac{2}{3}\pi\rho r^3$$

$$\fallingdotseq \frac{2}{3}\pi\rho r^3\left\{\left(1 + \frac{3\Delta r}{r}\right) - 1\right\}$$

$$= \frac{2}{3}\pi\rho r^3 \times \frac{3\Delta r}{r} = 2\pi\rho r^2 \Delta r$$

【参考】ここでは、問題文の指示に従い近似式を使って計算しました。

より簡潔には、$m = \dfrac{2}{3}\pi\rho r^3$ を r で微分して、

$$\frac{dm}{dr}\left(= \frac{\Delta m}{\Delta r}\right) = 2\pi\rho r^2$$

であることから、

$$\Delta m = 2\pi\rho r^2 \Delta r$$

と求めることもできます。

(5) 図4から、時間 Δt の間に取り込む水の体積は $d \cdot 2rv\Delta t$ であることがわかります。

よって、時間 Δt の間に取り込む水の質量 Δm は、

$$\Delta m = \rho \times d \cdot 2rv\Delta t = 2\rho rdv\Delta t$$

(6) 前問 (4) で求めた Δm と (5) で求めた Δm は同じものを表します。

そのため、次の関係が成り立ちます。

$$2\pi\rho r^2 \Delta r = 2\rho rdv\Delta t$$

ここで、水滴の位置の変化 $\Delta z = v\Delta t$ なので、上の関係式は、

$$2\pi\rho r^2 \Delta r = 2\rho rd\Delta z$$

となり、これより、

$$\frac{\Delta r}{\Delta z} = \frac{d}{\pi r}$$

3-2 熱力学の近似式
ポアソンの式を近似で表す

続いて、**熱力学**の問題へ近似式 $(1+x)^n \fallingdotseq 1+nx$ ($x \ll 1$) を使う練習をしてみましょう。面白い現象が見えてきます。

> **例題**
>
> 図のように、断熱容器内に封入された理想気体を断熱圧縮した。このとき、気体の圧力は P から P' へと変化した。P を用いて P' を求めよ。なお、この理想気体が断熱変化するときには、圧力 P と体積 V が $PV^\gamma =$ 一定を満たしながら変化するものとする。また、$x \ll 1$ のとき、$(1+x)^n \fallingdotseq 1+nx$ という近似式を用いてよい。
>
>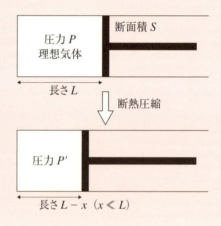

解法

気体が断熱変化するときに成り立つ式「$PV^\gamma =$ 一定」は、**ポアソンの式**と呼ばれます。

熱力学で頻繁に登場しますが、実はポアソンの式を使いこなすには、近似式 $(1+x)^n \fallingdotseq 1+nx$ を上手に使う必要があるのです。

3章　近似式を活用する

　今回、気体の圧力は P から P' へ、体積は SL から $S(L-x)$ へと変化
しているので、ポアソンの式は、

$$P \cdot (SL)^\gamma = P' \cdot \left\{ S(L-x) \right\}^\gamma$$

のように使うことができます。ここから、

$$P' = \frac{L^\gamma}{(L-x)^\gamma} P$$

と求められます。そして、前節「3-1　力学の近似式」(p.127)で登場した
2つのポイントを思い出しながら、これを近似計算してみましょう。

　近似式を使うために、まずは「$1 + \dfrac{\text{小さい値}}{\text{大きい値}}$」という形を作る必要が
ありました。今回は、次のようになります。

$$P' = \frac{L^\gamma}{(L-x)^\gamma} P = \frac{L^\gamma}{L^\gamma \left(1 - \frac{x}{L}\right)^\gamma} P = \frac{1}{\left(1 - \frac{x}{L}\right)^\gamma} P$$

$$\left(x \ll L \text{ より、 } \frac{x}{L} \ll 1 \text{ であることが確かめられます。} \right)$$

　そして、もう1つのポイントは $(1+x)^n \fallingdotseq 1 + nx$ の n は負の値でもよ
いということでした。

　そのことを頭に置くと、次のように近似計算できます。

$$P' = \frac{1}{\left(1 - \frac{x}{L}\right)^\gamma} P = \left(1 - \frac{x}{L}\right)^{-\gamma} P \fallingdotseq \left(1 + \gamma \frac{x}{L}\right) P$$

これで、断熱変化後の気体の圧力を求めることができました。

　近似式 $(1+x)^n \fallingdotseq 1 + nx$ を上手に使うためのポイントは、熱力学の問
題を考えるときでも変わりません。

　さらに、このあと紹介する波動や電磁気の問題を解くときにも、ポイン
トは一緒です。

　共通の考え方をもとに、分野をまたいで活用できるのです。

　図のように、断面積 S、長さ $3L$ のシリンダーの内部が、厚さと質量の無視できる2つのピストンによって3つの領域に分けられている。2つのピストンは断熱性と気密性に優れていて、2つのピストンの間隔をつねに L に保ちながらシリンダー内をなめらかに動く。この密閉された3つの領域にはそれぞれ $1\,\mathrm{mol}$ の理想気体が封入されていて、シリンダーは断熱材で覆われている。最初、2つのピストンは図のようなつりあいの位置にあり、圧力と温度はすべて P_0、T_0 であった。なお、この理想気体が断熱変化するときには、圧力 P と体積 V が $PV^\gamma = $ 一定を満たしながら変化するものとする。また、$x \ll 1$ のとき、$(1+x)^n \fallingdotseq 1 + nx$ という近似式を用いてよい。

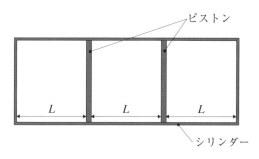

(1) 次の図のようにピストンがつりあいの位置からずれたとき、左側の領域内の気体の圧力を求めよ。ただし、$x \ll L$ とする。

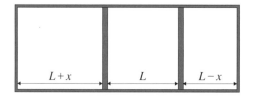

(2) 前問(1)の状態のとき、真ん中の領域にはたらく合力の向きと大きさを求めよ。気体定数を R とする。

(3) 前問(2)の結果から、真ん中の領域は単振動することがわかる。その周期を求めよ。ただし、この理想気体の分子量を M とする。

3章　近似式を活用する

解法

(1)　気体が断熱変化するときの圧力の変化を求める方法は、例題で確認しました。例題と同様に、以下のように求められます。

　気体の圧力が P_0 から P へ変化したとすると、ポアソンの式から、

$$P_0 \cdot (SL)^\gamma = P \cdot \left\{ S(L+x) \right\}^\gamma$$

が成り立ち、ここから、

$$P = \frac{L^\gamma}{(L+x)^\gamma} P_0 = \frac{L^\gamma}{L^\gamma \left(1 + \frac{x}{L}\right)^\gamma} P_0 = \frac{1}{\left(1 + \frac{x}{L}\right)^\gamma} P_0$$

$$= \left(1 + \frac{x}{L}\right)^{-\gamma} P_0 \fallingdotseq \left(1 - \gamma \frac{x}{L}\right) P_0$$

$$\left(x \ll L \text{ より、} \frac{x}{L} \ll 1 \text{ であることが確かめられます。} \right)$$

(2)　右側の気体についても、同じように圧力変化を求めることができます。変化後の圧力を P' とすると、

$$P_0 \cdot (SL)^\gamma = P' \cdot \left\{ S(L-x) \right\}^\gamma$$

$$P' = \frac{L^\gamma}{(L-x)^\gamma} P_0 = \frac{L^\gamma}{L^\gamma \left(1 - \frac{x}{L}\right)^\gamma} P_0 = \frac{1}{\left(1 - \frac{x}{L}\right)^\gamma} P_0$$

$$= \left(1 - \frac{x}{L}\right)^{-\gamma} P_0 \fallingdotseq \left(1 + \gamma \frac{x}{L}\right) P_0$$

よって、真ん中の領域にはたらく合力は、左向きに、

$$P'S - PS = \left(1 + \gamma \frac{x}{L}\right) P_0 S - \left(1 - \gamma \frac{x}{L}\right) P_0 S = \frac{2\gamma x P_0 S}{L}$$

ここで、理想気体の状態方程式から、

$$P_0\, SL = 1 \cdot RT_0 \qquad \therefore P_0 S = \frac{RT_0}{L}$$

139

第1部 物理と数学

これを代入して整理すると、合力の大きさは、

$$\frac{2\gamma x P_0 S}{L} = \frac{2\gamma R T_0}{L^2} x$$

つまり、真ん中の領域にはたらく合力は、左向きに大きさ $\dfrac{2\gamma R T_0}{L^2} x$ です。

(3)　前問 (2) で求めた力は「復元力」の条件を満たしています。

つまり、真ん中の領域は単振動することがわかるのです。

ところで、真ん中の領域には気体 1 mol が封入されています。気体 1 mol の質量を、その気体の「分子量」といいます。つまり、真ん中の領域には質量 M の気体が封入されているのです。

以上より、単振動の周期は、

$$2\pi \sqrt{\frac{M}{\dfrac{2\gamma R T_0}{L^2}}} = \pi L \sqrt{\frac{2M}{\gamma R T_0}}$$

と求められます。

> **Column** 空気の振動から音速を求める

　練習問題1では、空気が振動する様子を考えました。

　真ん中の領域が半周期分だけ振動すると、左側と右側の領域で疎密が逆転します。これは、振動の半周期の時間で疎密が距離 $2L$ だけ進むことに相当します。

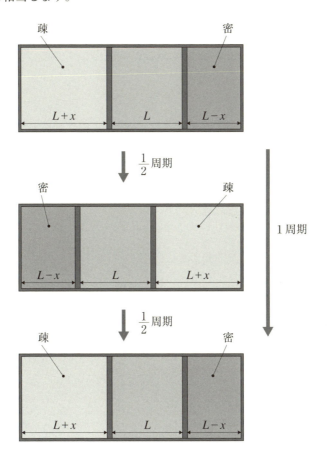

　ところで、空気の疎密が伝わっていくのが「音波」です。つまり、練習問題1は音波が伝わる様子について考察したことになるのです。

　そして、「半周期で距離 $2L$ 進む」ことから、音波が伝わる速さ v は次のように求められます。

第 1 部　物理と数学

$$v = \frac{2L}{\frac{1}{2}\text{周期}} = \frac{2L}{\frac{1}{2} \times \pi L \sqrt{\frac{2M}{\gamma R T_0}}} = \frac{2}{\pi} \sqrt{\frac{2\gamma R T_0}{M}}$$

ところで、音速は正確には、

$$v = \sqrt{\frac{\gamma R T_0}{M}}$$

と求められることがわかっています。2 式の比は、

$$\frac{\sqrt{\dfrac{\gamma R T_0}{M}}}{\dfrac{2}{\pi} \sqrt{\dfrac{2\gamma R T_0}{M}}} = \frac{\pi}{2\sqrt{2}} = 1.11\cdots$$

ですので、練習問題 1 の考察によってほぼ正確に音速を求められることがわかりますね。

入試問題に挑戦！

それでは、大学入試問題を解いてみましょう。

入試問題 ①

　図のように液面がちょうど右側の管の上端に達して静止し、気体の圧力は P_0、体積は V_0 になった。このときピストン（面積 S）にはたらく力はつりあっているが、次に議論するように、そのつりあいには安定な場合と不安定な場合がある。以下では、ピストンにはたらく力は上向きを正とする。いま、図の状態から、何らかの外力により断熱的にピストンの位置が $\varDelta y$（> 0）だけわずかに上昇したとしよう。このとき、ピストンの上昇分の液体が管の上端からあふれ出るので、液体がピストンに及ぼす力は　(1)　だけ変化する。一方、断熱変化では（圧力）×（体積）$^{\frac{5}{3}}$ が一定であることと、絶対値が十分小さな実数 ε と任意の実数 a に対して成り立つ近似式 $(1 + \varepsilon)^a \fallingdotseq 1 + a\varepsilon$ を用い、

必要ならば微小量 $\dfrac{S\Delta y}{V_0}$ に対して $\left(\dfrac{S\Delta y}{V_0}\right)^2$ が無視できるという近似を行うと、気体がピストンに及ぼす力は Δy に比例して (2) だけ変化することがわかる。ここで、 (1) と (2) の和が負の場合、何らかの原因でピストンに微小変位を生じたとしても、変位を打ち消すような向きの力が発生することになる。このとき、力のつりあいは安定であるという。これに対し、 (1) と (2) の和が正の場合には、微小な変位が起こるとその変位をさらに増大させるような力が発生することになり、ピストンは一気に上昇してしまう。このとき力のつりあいは不安定であるという。したがって、図でピストンにはたらく力のつりあいが安定であるためには、 (3) の条件が必要である。

上の文章中の(1)と(2)に入る値、および(3)に入る条件式をそれぞれ求めよ。ただし、封入されている気体は単原子分子理想気体であるとし、また液体の密度を ρ、重力加速度の大きさを g とする。

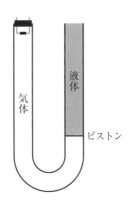

(2016年 京都大学 改題)

(1) ピストンが Δy 上昇すると、体積 $S\Delta y$ の分の液体があふれます。

よって、液体がピストンに及ぼす力はあふれた液体にはたらく重力の大きさ $\rho \cdot S\Delta y \cdot g$ だけ減少します。

上向きを力の正の向きと考えるので、ピストンにはたらく力の変化量は $\rho Sg\Delta y$ となります。

第1部　物理と数学

(2)　気体の圧力が P_0 から P へ変化したとすると、ポアソンの式から、

$$P_0 \cdot V_0^{\frac{5}{3}} = P \cdot (V_0 + S\Delta y)^{\frac{5}{3}}$$

が成り立ち、ここから、

$$P = \frac{V_0^{\frac{5}{3}}}{(V_0 + S\Delta y)^{\frac{5}{3}}} P_0 = \frac{V_0^{\frac{5}{3}}}{V_0^{\frac{5}{3}} \left(1 + \frac{S\Delta y}{V_0}\right)^{\frac{5}{3}}} P_0 = \frac{1}{\left(1 + \frac{S\Delta y}{V_0}\right)^{\frac{5}{3}}} P_0$$

$$= \left(1 + \frac{S\Delta y}{V_0}\right)^{-\frac{5}{3}} P_0 \fallingdotseq \left(1 - \frac{5S\Delta y}{3V_0}\right) P_0$$

$$\left(S\Delta y \ll V_0 \text{ より、} \frac{S\Delta y}{V_0} \ll 1 \text{ であることが確かめられます。}\right)$$

よって、気体の圧力の変化量 ΔP は、

$$\Delta P = P - P_0 = -\frac{5S\Delta y}{3V_0} P_0$$

となることがわかり、気体がピストンに及ぼす力の変化は上向きを正として、

$$\Delta P \cdot S = -\frac{5P_0 S^2 \Delta y}{3V_0}$$

と求められます。

(3)　(1)と(2)の和は $\rho Sg\Delta y - \dfrac{5P_0 S^2 \Delta y}{3V_0}$ であり、これが負の値であればピストンにはたらく力のつりあいが安定するので、

$$\rho Sg\Delta y - \frac{5P_0 S^2 \Delta y}{3V_0} < 0$$

が求める条件となります。これを整理して、

$$\rho g V_0 < \frac{5}{3} P_0 S$$

と答えが求められます。

144

3-3 波動の近似式
ドップラー効果や光路差を近似で表す

次は、**波動**の問題を近似計算で解いてみましょう。

近似式 $(1+x)^n \fallingdotseq 1+nx$ ($x \ll 1$) を使うコツは、ここまでの問題と変わりません。

> **例題**
>
> 図のように、一定の振動数 F の光を発しながら等速円運動する物体があるとする。遠方で観測される光の振動数 f の回転角 θ による変化をグラフで表せ。物体の速さを v とし、光速を c とする。なお、$x \ll 1$ のとき、$(1+x)^n \fallingdotseq 1+nx$ という近似式を用いてよい。
>
>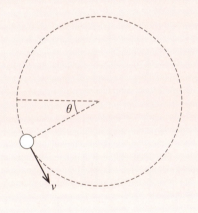

解法

これは、光のドップラー効果について考える問題です。

ドップラー効果による光の振動数の変化を求めるには、光源（光を発する物体）の「観測者に近づく（or 遠ざかる）速度」を求める必要があります。

遠方の観測者が次のような方向にいるとすると、光源の「観測者に近づく速度」は $v\cos\theta$ となります。

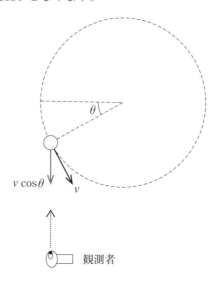

したがって、観測者が観測する光の振動数 f は次のようになります。

$$f = \frac{c}{c - v\cos\theta} F$$

さて、この式から f – θ グラフを求めるのは困難です。

そこで、近似計算を利用してグラフに表しやすい形に式変形してみましょう。

まずは、「$1 + \dfrac{小さい値}{大きい値}$」という形を作ります。

式中の分母は、

$$c - v\cos\theta = c\left(1 - \frac{v\cos\theta}{c}\right)$$

と変形できますので、

$$f = \frac{c}{c - v\cos\theta} F = \frac{c}{c\left(1 - \dfrac{v\cos\theta}{c}\right)} F = \frac{1}{1 - \dfrac{v\cos\theta}{c}} F$$

この式中の分母は、

$$\frac{1}{1-\dfrac{v\cos\theta}{c}} = \left(1-\frac{v\cos\theta}{c}\right)^{-1}$$

のように表せることから、次のように近似式を使うことができるのです。

$$f = \left(1-\frac{v\cos\theta}{c}\right)^{-1} F \fallingdotseq \left(1+\frac{v\cos\theta}{c}\right) F = F + \frac{vF}{c}\cos\theta$$

> この世で最速の光速 c に比べれば、物体の速さ v は十分小さいと考えられるので、$\dfrac{v\cos\theta}{c} \ll 1$ と判断できます。

このように式変形すれば、$f - \theta$ グラフが次のように表せることがわかります。

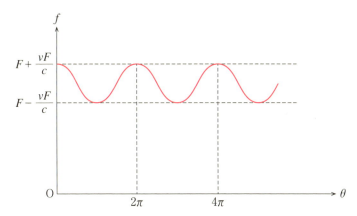

第１部 物理と数学

Column 太陽系外惑星の発見

　広大な宇宙には、太陽系のような天体の集団は無数に存在します。そこには、恒星だけでなく惑星も存在するはずです。

　ところが、自ら光を放つ恒星に比べて遠くにある惑星を発見することは至難の業です。そのため、太陽系外惑星が発見されることはずっとありませんでした。

　その困難を乗り越えたのが 1995 年のことです。初めて太陽系外惑星が発見されました。

　その方法は、「惑星の存在による恒星のふらつき」を検出するというものです。

　実は、惑星を伴う恒星は、完全に静止せず円を描くように動いています。すると、恒星の放つ光の振動数がドップラー効果によって変動して観測されるのです。

　1995 年に発見された惑星は地球から実に 50 光年も離れたところにありますが、このような方法によって見つけることができたのですね。

　以来、2019 年 2 月現在までに、4000 個もの太陽系外惑星が発見されています（他の方法による発見も含みます）。

3 章　近似式を活用する

入試問題に挑戦！

練習は省略して、大学入試問題に挑戦してみましょう。

入試問題 ❶

　図 1 (a) のように yz 平面上に設置した等間隔ではない多数の同心円状の細いスリットを用いると、x 軸に平行に入射した光の回折光を図 1 (b) のように集めて収束させることができる。以下では問題を簡単にするため、同心円状のスリットを図 1 (c) に示すような直線状の細い平行なスリットで置き換えて、その原理を考えよう。以下の設問に答えよ。

　図 2 に示すように、x 軸上の原点 O を通り x 軸に垂直な面 A と、面 A から距離 d だけ離れたスクリーン B を考える。y 方向（紙面に垂直）に伸びた細いスリット S_0、S_1、S_2、… を面 A 上の $z = z_0, z_1, z_2, \cdots$（$0 < z_0 < z_1 < z_2 \cdots$）の位置に配置する。波長 λ の光が、面 A の左側から x 軸に平行に入射し、スリットを通過してスクリーン B に到達する。まず、スリット S_0、S_1 のみを残し、他のスリットをすべてふさいだところ、スクリーン B 上に干渉縞が生じた。

(1)　スクリーン B 上で $z = \dfrac{z_0 + z_1}{2}$ の位置 T にできるのは明線であるか暗線であるか。また、その理由を簡潔に述べよ。

(2)　スクリーン B 上で、この位置 T より下方（z のより小さい方）に最初に現れる明線を、スリット S_0、S_1 に対する 1 次の回折光と呼ぶ。1 次の回折光が、$z = 0$ の位置 R にあった。z_0、z_1 は d より十分に小さいものとして、d を λ、z_0、z_1 を用いて表せ。必要ならば、近似式 $\sqrt{1 + \delta} \fallingdotseq 1 + \dfrac{1}{2}\delta$、（$|\delta|$ は 1 より十分に小さいものとする）を用いてよい。

149

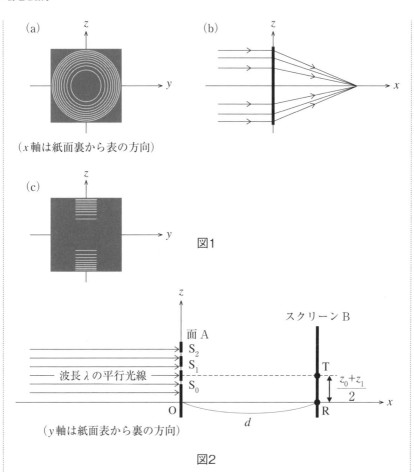

図1

図2

次に、$z>0$ の領域にある合計 N 本の多数のスリットすべてを用いる場合を考える。すべての隣りあうスリットの組 S_n と S_{n+1} ($n=0, 1, 2, \cdots$) について、それらの1次の回折光がRに現れるためには、その方向が n とともに少しずつ変わるようにスリットを配置する必要がある。このように面Aに N 本のスリットを設置したところ、Rに鮮明な明線が現れた。

(3) このとき n 番目のスリットの位置 z_n は n のどのような関数になっているか。z_n を z_0、n、d、λ を用いて表せ。

(2014年 東京大学 改題)

（1）　S_0 と S_1 では、光は同位相となります。その後にスクリーン上へたどり着くまでに光路差があると、2つの光には位相差が生じて干渉を起こします。

　　ただし、S_0 と S_1 から位置 T までの距離は等しいので、位置 T では位相差が生じません。よって、2つの光は位置 T で強めあい、位置 T には明線ができます。

（2）　スクリーン B 上の T 以外の位置では、S_0 と S_1 からの距離に差があります。つまり、2つの光に光路差が生じるのです。

　　このとき、

　　　2つの光の光路差 $= m\lambda$　（$m = 0, 1, 2, \cdots$）

となる位置には明線ができます。

　　T は $m = 0$ となる位置です。そこからずれると m の値が大きくなり、次に明線となるのは $m = 1$ となるときです。このように、ここで求めたいのは $m = 1$ となる位置であることがわかります。

　　それでは、2つの光の光路差（今回は距離の差）を計算して、条件を満たす位置を求めてみましょう。

　　2つの光の光路差は、

　　　$S_1R = \sqrt{d^2 + z_1{}^2}$

　　　$S_0R = \sqrt{d^2 + z_0{}^2}$

の差として求められますが、このままではうまく引き算できません。

　　そこで、次のように近似計算を利用します。

第1部 物理と数学

$$S_1R = \sqrt{d^2 + z_1{}^2} = d\sqrt{1 + \left(\frac{z_1}{d}\right)^2} = d\left\{1 + \left(\frac{z_1}{d}\right)^2\right\}^{\frac{1}{2}}$$

$$\fallingdotseq d\left\{1 + \frac{1}{2}\left(\frac{z_1}{d}\right)^2\right\} = d + \frac{z_1{}^2}{2d}$$

$$S_0R = \sqrt{d^2 + z_0{}^2} = d\sqrt{1 + \left(\frac{z_0}{d}\right)^2} = d\left\{1 + \left(\frac{z_0}{d}\right)^2\right\}^{\frac{1}{2}}$$

$$\fallingdotseq d\left\{1 + \frac{1}{2}\left(\frac{z_0}{d}\right)^2\right\} = d + \frac{z_0{}^2}{2d}$$

$$\left(z_0、z_1 \ll d \, より、 \frac{z_0}{d} \ll 1 、 \frac{z_1}{d} \ll 1 \, であることが確かめられます。\right)$$

　このように式変形できれば、

$$2つの光の光路差 = S_1R - S_0R = \frac{z_1{}^2}{2d} - \frac{z_0{}^2}{2d} = \frac{1}{2d}\left(z_1{}^2 - z_0{}^2 \right)$$

と引き算ができるようになります。

　以上のことを整理して、求める条件は次のように求められます。

$$\frac{1}{2d}\left(z_1{}^2 - z_0{}^2 \right) = 1 \times \lambda$$

$$\therefore d = \frac{1}{2\lambda}\left(z_1{}^2 - z_0{}^2 \right)$$

(3)　考え方は前問 (2) と同じです。

　S_0 と S_1 からの2つの光が強め合っているところへ S_2 からの光が加わるとき、

$$S_2R - S_1R = 1 \times \lambda$$

が満たされれば、この光も強め合って R ではより明るい明線ができることになります。

その後も、

$$S_3R - S_2R = 1 \times \lambda$$

$$S_4R - S_3R = 1 \times \lambda$$

$$\vdots$$

のようになれば、すべての光が R で強め合うことになるのです。

距離 S_2R 以降についても、(2)と同様に、

$$S_2R \fallingdotseq d + \frac{z_2^2}{2d}$$

$$S_3R \fallingdotseq d + \frac{z_3^2}{2d}$$

$$\vdots$$

のように求められますので、整理すると、

$$S_1R - S_0R = \frac{1}{2d}\left(z_1^2 - z_0^2 \right) = \lambda$$

$$S_2R - S_1R = \frac{1}{2d}\left(z_2^2 - z_1^2 \right) = \lambda$$

$$\vdots$$

$$S_nR - S_{n-1}R = \frac{1}{2d}\left(z_n^2 - z_{n-1}^2 \right) = \lambda$$

のようになり、すべてを足し合わせると、

$$S_nR - S_0R = \frac{1}{2d}\left(z_n^2 - z_0^2 \right) = n\lambda$$

よって、

$$z_n^2 = 2dn\lambda + z_0^2$$

$$\therefore z_n = \sqrt{2dn\lambda + z_0^2}$$

と表すことができます。

　この問題からは、上の規則に従う位置にだけスリットを作ることで、レンズと同じはたらきをするものを作れることがわかります。

　さらに、これに続く設問を解くと、この「レンズもどき」はレンズの公式 $\dfrac{1}{a} + \dfrac{1}{b} = \dfrac{1}{f}$ も満たすことがわかります（**column** 参照）。

Column　レンズとまったく同じはたらき

入試問題1には次のような設問が続きます。

(5)　左側から平行光線を入射する代わりに、図に示すように x 軸上の原点 O から距離 a の点 P に波長 λ の点光源を置き、スクリーン B を x 軸に沿って左右に動かすと、$z = 0$ に明線が現れる位置 R' があった。その x 座標 b を、λ を含まない式で表せ。ただし、$z = z_0$, $z_1, z_2, \cdots$ は a, b より十分に小さく、$a > d$ かつ $b > d$ であるとする。

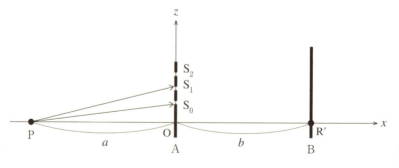

【解答】これを解くと、スリットの集合がレンズと全く同じはたらきをするのだ、ということが理解できます。

　考え方は、以下の通りです。

今度は、S_0、S_1、S_2、…に達するまでにも光路差が生じます。ですので、すべての光が強め合う位置 R' は、

$$(PS_1 - PS_0) + (S_1R' - S_0R') = \lambda$$
$$(PS_2 - PS_1) + (S_2R' - S_1R') = \lambda$$
$$\vdots$$

の関係を満たすことになります。

$S_1R' - S_0R'$、$S_2R' - S_1R'$、…については (3) で求めた結果から、

$$S_1R' - S_0R' = \frac{1}{2b}(z_1^2 - z_0^2)$$
$$S_2R' - S_1R' = \frac{1}{2b}(z_2^2 - z_1^2)$$
$$\vdots$$

であることがわかります。

そして、$PS_1 - PS_0$、$PS_2 - PS_1$、…については、対称性から、

$$PS_1 - PS_0 = \frac{1}{2a}(z_1^2 - z_0^2)$$
$$PS_2 - PS_1 = \frac{1}{2a}(z_2^2 - z_1^2)$$
$$\vdots$$

と求められます。よって、求めたい条件は、

$$\frac{1}{2a}(z_1^2 - z_0^2) + \frac{1}{2b}(z_1^2 - z_0^2) = \lambda$$
$$\frac{1}{2a}(z_2^2 - z_1^2) + \frac{1}{2b}(z_2^2 - z_1^2) = \lambda$$

第1部 物理と数学

$\vdots$

となり、$\dfrac{1}{2d}\left(z_1{}^2 - z_0{}^2\right) = \lambda$ も使って整理すると、

$$\frac{1}{2a}\left(z_1{}^2 - z_0{}^2\right) + \frac{1}{2b}\left(z_1{}^2 - z_0{}^2\right) = \frac{1}{2d}\left(z_1{}^2 - z_0{}^2\right)$$

$$\frac{1}{2a}\left(z_2{}^2 - z_1{}^2\right) + \frac{1}{2b}\left(z_2{}^2 - z_1{}^2\right) = \frac{1}{2d}\left(z_2{}^2 - z_1{}^2\right)$$

$\vdots$

これより、

$$\frac{1}{a} + \frac{1}{b} = \frac{1}{d}$$

という関係が成り立つことが求められます。

$$\left(\text{問題に対する答えは、}\ b = \frac{ad}{a-d}\ \text{となります。}\right)$$

ここで、d は平行光線を1点に集めるときのレンズからの距離、すなわちレンズの焦点距離に相当します。そう考えると、上の関係式はレンズの公式そのものであることが理解できます。

問題のように作成したものは、「レンズもどき」ではなくレンズの公式を満たす立派な「レンズ」なのです。

3-4 電磁気の近似式
回路内の仕事を近似で表す

最後は、電磁気の問題です。
やはり、全く同様に近似計算を行うことができます。

> **例題**
>
> 面積 L^2 の正方形の極板でできた、電気容量 C のコンデンサーが真空中に置かれている。このコンデンサーに電圧 V の電池をつないで充電する。図のように、その後スイッチを開いてから、極板間に厚さが極板間距離の半分の導体板を極板に平行にゆっくり挿入した。導体板をコンデンサーのちょうど真ん中まで挿入したとき、コンデンサーから導体板にはたらく力の大きさを求めよ。ただし、真空の誘電率を ε_0 とする。また、$x \ll 1$ のとき、$(1+x)^n \fallingdotseq 1+nx$ という近似式を用いてよい。
>
>

解法

導体板が真ん中まで挿入されたとき、コンデンサーの電気容量は次のように変化します。

2つのコンデンサーの並列接続とみなせるので、電気容量を合成して $C' = \dfrac{C}{2} + C = \dfrac{3}{2}C$ となることがわかります。

第1部 物理と数学

また、コンデンサーには電荷 $Q = CV$ が蓄えられていて、スイッチを開いてから導体板を挿入するのでコンデンサーの電荷は CV のまま変化しません。

よって、導体板を挿入後のコンデンサーのエネルギー U は次のようになります。

$$U = \frac{1}{2} \cdot \frac{Q^2}{C'} = \frac{(CV)^2}{2 \cdot \dfrac{3C}{2}} = \frac{CV^2}{3}$$

さて、この状態から導体板をさらに $\varDelta x$ だけゆっくり動かしたら、コンデンサーのエネルギーはどれだけ変化するでしょう。

ここで、「ゆっくり」動かすという意味は、コンデンサーにはたらく「力のつりあいを保ったまま」動かすということです。つまり、コンデンサーに運動エネルギーなど静電エネルギー以外のエネルギーが生じないようにするということです。

このとき、コンデンサーの電気容量は、

$$\frac{\dfrac{L}{2} - \varDelta x}{\dfrac{L}{2}} \cdot \frac{C}{2} + \frac{\dfrac{L}{2} + \varDelta x}{\dfrac{L}{2}} C = \left(\frac{3}{2} + \frac{\varDelta x}{L} \right) C$$

158

3章 近似式を活用する

したがって、コンデンサーのエネルギーの変化 ΔU は次のようになります。

$$\Delta U = \frac{(CV)^2}{2 \cdot \left(\frac{3}{2} + \frac{\Delta x}{L} \right) C} - \frac{CV^2}{3}$$

そして、コンデンサーにこのようなエネルギーの変化が生じるのは、導体板を動かすために外力が仕事をしたからです。

導体板がコンデンサーから受ける力の大きさを F とすると、外力の仕事 W は、

$$W = -F\Delta x$$

導体板には、静電誘導のためコンデンサーから引力がはたらく。それとつりあうように、加える外力の仕事は負になる。

よって、$\Delta U = W$ の関係から、

$$\frac{(CV)^2}{2 \cdot \left(\frac{3}{2} + \frac{\Delta x}{L} \right) C} - \frac{CV^2}{3} = -F\Delta x$$

であることがわかります。

これを解いて F が求められますが、このままでは式の形が複雑です。そこで、近似式を使います。

まずは「$1 + \dfrac{\text{小さい値}}{\text{大きい値}}$」という形を作ります。$\dfrac{(CV)^2}{2 \cdot \left(\frac{3}{2} + \frac{\Delta x}{L} \right) C}$

の分母に関して、$\dfrac{3}{2} + \dfrac{\Delta x}{L} = \dfrac{3}{2}\left(1 + \dfrac{2\Delta x}{3L} \right)$ となるので、

159

第1部 物理と数学

$$\frac{(CV)^2}{2\cdot\left(\dfrac{3}{2}+\dfrac{\varDelta x}{L}\right)C} = \frac{(CV)^2}{3\left(1+\dfrac{2\varDelta x}{3L}\right)C} = \frac{CV^2}{3}\left(1+\frac{2\varDelta x}{3L}\right)^{-1}$$

$$\fallingdotseq \frac{CV^2}{3}\left(1-\frac{2\varDelta x}{3L}\right)$$

$$\left(\varDelta x \ll L \ \text{より、}\ \frac{2\varDelta x}{3L} \ll 1\ \text{であることが確かめられます。}\right)$$

と近似できます。よって、

$$\frac{(CV)^2}{2\cdot\left(\dfrac{3}{2}+\dfrac{\varDelta x}{L}\right)C} - \frac{CV^2}{3} = -F\varDelta x$$

$$\frac{CV^2}{3}\left(1-\frac{2\varDelta x}{3L}\right) - \frac{CV^2}{3} = -F\varDelta x$$

$$-\frac{2\varDelta x}{9L}CV^2 = -F\varDelta x$$

となり、ここから、$F = \dfrac{2CV^2}{9L}$ と求められます。

160

入試問題に挑戦！

練習は省略して、2問続けて大学入試問題に挑戦してみましょう。

入試問題 ①

　図のように、向かい合った2枚の極板A、Bは平行板コンデンサーを作っている。質量mの極板Aは質量を無視できるばね定数kのばねにつながれていて、絶縁体の床の上を摩擦なく運動できる。極板Bは固定されている。ばねが自然長のときの2枚の極板間の距離をd、そのときの電気容量をCとする。ただし、AからBへの向きを正として、Aの変位をxとする。なお、xはdに比べて十分小さいとする。スイッチを閉じると、導体のばねを通して電圧Vを両極板の間にかけることができる。$X \ll 1$のとき、$(1+X)^n \fallingdotseq 1+nX$という近似式を用いてよい。

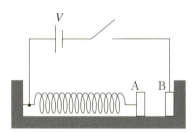

(1) スイッチを閉じ、Aの変位がxとなった瞬間にAに蓄えられている電荷$Q(x)$と極板間の電場の強さ$E(x)$をそれぞれ求めよ。

(2) スイッチを閉じたあと、Aは単振動した。その中心の位置と周期を求めよ。

(1990年　東京大学　改題)

(1)　Aの変位がxのとき、コンデンサーの電気容量$C(x)$は、

$$C(x) = \frac{d}{d-x}C$$

コンデンサーの電圧は V で一定なので、電荷 $Q(x)$ は、

$$Q(x) = C(x) \cdot V = \frac{d}{d-x} CV$$

また、極板間の電場 $E(x)$ は、

$$E(x) = \frac{V}{d-x}$$

と求められます。

(2) Aには次のような力がはたらきます。

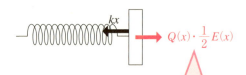

極板間の電場 $E(x)$ はAの電荷とBの電荷で半分ずつ作っているものなので、Bの電荷が作る電場は $\frac{1}{2}E(x)$ です。Aは、この電場から力を受けます。

ここで、

$$Q(x) \cdot \frac{1}{2} E(x) = \frac{1}{2} \cdot \frac{d}{d-x} CV \cdot \frac{V}{d-x} = \frac{CdV^2}{2} \cdot \frac{1}{(d-x)^2}$$

となりますが、近似計算を行うと次のように変形できます。

$$\frac{CdV^2}{2} \cdot \frac{1}{(d-x)^2} = \frac{CdV^2}{2} \cdot \frac{1}{d^2\left(1-\frac{x}{d}\right)^2} = \frac{CV^2}{2d}\left(1-\frac{x}{d}\right)^{-2}$$

$$\fallingdotseq \frac{CV^2}{2d}\left(1+\frac{2x}{d}\right)$$

$\left(x \ll d \text{ より、} \dfrac{x}{d} \ll 1 \text{ であることが確かめられます。} \right)$

よって、Aにはたらく力は、

$$\frac{CV^2}{2d}\left(1+\frac{2x}{d}\right) - kx = \frac{CV^2}{2d} + \left(\frac{CV^2}{d^2} - k\right)x$$

と表すことができ、この式中の復元力によってAが単振動することがわかります。

単振動の中心の位置 x は次のように計算できます。

$$\frac{CV^2}{2d} + \left(\frac{CV^2}{d^2} - k\right)x = 0 \qquad \therefore x = \frac{CdV^2}{2(kd^2 - CV^2)}$$

また、単振動の周期は、

$$2\pi\sqrt{\frac{m}{-\left(\dfrac{CV^2}{d^2} - k\right)}} = 2\pi\sqrt{\frac{md^2}{kd^2 - CV^2}}$$

と求められます。

入試問題 ❷

　真空中に置かれた、ばねを組み込んだ平行板コンデンサーに関する以下の設問に答えよ。ただし、真空の誘電率を ε_0 とし、ばね自身の誘電率による電気容量の変化は無視できるとする。また、金属板は十分広く端の効果は無視できるものとし、金属板間の電荷の移動は十分速くその移動にかかる時間も無視できるものとする。さらに、金属板の振動による電磁波の発生、および重力の影響も無視できるとする。

　図のように、同じ面積 S の 2 枚の金属板からなる平行板コンデンサーが電源につながれている。2 枚の金属板は、ばね定数 k の絶縁体のばねでつながれており、上の金属板はストッパーで固定されている。下の金属板は質量 m をもち、上の金属板と平行のまま上下に移動し、上の金属板との間隔を変化させることができる。

　電源の電圧を V にしたところ、ばねは自然長からわずかに縮み、金属板の間隔が d となる位置で静電気力とばねの弾性力がつりあい、下の金属板は静止した。

(1)　金属板間にはたらいている静電気力の大きさを求めよ。

(2)　ばねに蓄えられている弾性エネルギーを求めよ。

(3) この状態から、下の金属板を引っ張り、上の金属板との間隔を d から $d + \varDelta$ までわずかに広げて放すと、下の金属板はつりあいの位置を中心に単振動した。この単振動の周期を求めよ。ただし、$|a|$ が 1 より十分小さい実数 a に対して成り立つ近似式、$(1 + a)^{-2} \fallingdotseq 1 - 2a$ を用いてよい。

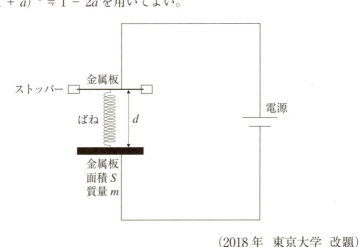

(2018年 東京大学 改題)

(1) コンデンサーの極板間隔が d のとき、コンデンサーの電気容量 C は、

$$C = \varepsilon_0 \frac{S}{d}$$

よって、コンデンサーに蓄えられる電荷 Q は、

$$Q = CV = \frac{\varepsilon_0 SV}{d}$$

また、極板間の電場 E は、

$$E = \frac{V}{d}$$

これは2つの金属板の電荷が半分ずつ作るものなので、一方の金属板が受ける静電気力は、

$$Q \cdot \frac{1}{2} E = \frac{\varepsilon_0 SV^2}{2d^2}$$

(2) 極板間隔がdのとき、下の金属板にはたらく力は次のようになります。

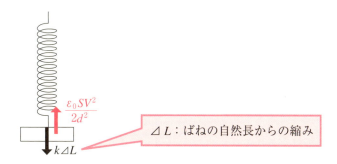

2つの力がつりあっていることから、

$$k\varDelta L = \frac{\varepsilon_0 S V^2}{2d^2}$$

$$\therefore \varDelta L = \frac{\varepsilon_0 S V^2}{2kd^2}$$

これを使って、ばねに蓄えられている弾性エネルギーは次のように求められます。

$$\frac{1}{2}k(\varDelta L)^2 = \frac{\varepsilon_0^2 S^2 V^4}{8kd^4}$$

(3) 極板間隔が$d + \varDelta$になったとき、下の金属板にはたらく力は次のようになります。

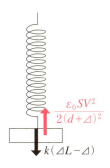

ここで、次の近似計算をします。

第1部 物理と数学

$$\frac{1}{(d+\varDelta)^2} = \frac{1}{d^2\left(1+\frac{\varDelta}{d}\right)^2} = \frac{1}{d^2}\left(1+\frac{\varDelta}{d}\right)^{-2} \fallingdotseq \frac{1}{d^2}\left(1-\frac{2\varDelta}{d}\right)$$

$$\left(\varDelta \ll d \, \text{より、} \, \frac{\varDelta}{d} \ll 1 \, \text{であることが確かめられます。}\right)$$

これをもとにすると、2つの力の合力は、

$$\frac{\varepsilon_0 SV^2}{2(d+\varDelta)^2} - k(\varDelta L - \varDelta) \fallingdotseq \frac{\varepsilon_0 SV^2}{2d^2}\left(1-\frac{2\varDelta}{d}\right) - k\varDelta L + k\varDelta$$

と表すことができ、ここへもともとの力のつりあい

$$k\varDelta L = \frac{\varepsilon_0 SV^2}{2d^2}$$

を代入すると次のようになります。

$$\frac{\varepsilon_0 SV^2}{2d^2}\left(1-\frac{2\varDelta}{d}\right) - \frac{\varepsilon_0 SV^2}{2d^2} + k\varDelta = \left(k - \frac{\varepsilon_0 SV^2}{d^3}\right)\varDelta$$

下の金属板はこの復元力により、

$$\text{周期} = 2\pi\sqrt{\frac{m}{\left(k - \dfrac{\varepsilon_0 SV^2}{d^3}\right)}} = 2\pi\sqrt{\frac{md^3}{kd^3 - \varepsilon_0 SV^2}}$$

の単振動をすることがわかります。

　入試問題1と2は、ともに東京大学の入試問題をもとにしたものです。
　いずれも、静電気力とばねの力による単振動を題材としていて、このテーマが難関大学で頻出であることがわかります。

　ここまで、いろいろな分野の問題を解いてきましたが、近似式を上手く使うためのコツは分野をまたいで共通であることを理解してもらえたと思います。近似式の利用法は、物理のどんな問題を解くときにも使えるようにしておきたい力です。

第2部

物理の視座

4章　視点を転換する
5章　規則性を発見する

視点を転換する

4-1 複数物体の運動と相対速度
4-2 慣性力と見かけの重力(1)
4-3 慣性力と見かけの重力(2)
4-4 いろいろな運動と重心の視点
4-5 特殊な座標軸

　ニュートンはリンゴが木から落ちるのを見て万有引力を発見した、という話は有名です（史実かどうかは別として）。ニュートンが優れていたのは、リンゴが木から落ちる現象を普通とは違う視点でとらえた点にあります。

　ニュートンは、リンゴの視点を想像してみました。そして、リンゴの視点からは「落ちた」のではなく「地球に引っ張られた」と感じるはずだ、とひらめいたのです。このような想像力が偉大な発見につながったのかもしれませんね！

　物理の問題でも、このような想像力が威力を発揮します。ただし、ニュートンのような天才でなければ思いつかないようなものではありません。誰でも練習さえすれば必ず、視点を変えて状況を把握することができるようになります。

　物理の問題には、普通の視点（静止した人の視点）から見るととても複雑な状況が頻繁に登場します。そんな問題を、視点を変えることで見通しよく解く方法を紹介していきます。

4-1 複数物体の運動と相対速度
動くものの視点で考える

まずは、次の例題を解いてみてください。

> **例題**
>
> 高さ H の位置から小球 A を鉛直下向きに初速 V_0 で投げ下ろすのと同時に、真下の高さ 0 の位置から小球 B を鉛直上向きに初速 V_0 で投げ上げた。2つの小球が衝突するまでにかかる時間を求めよ。ただし、衝突前に小球 B が着地することはないものとする。また、重力加速度の大きさを g とする。

解けましたか？
この問題は、一般的には次の解法1のように解く人が多いと思います。

解法1　小球A、Bそれぞれの運動を考える

小球 A と B は、ともに加速度の大きさが g の**等加速度直線運動**をします。

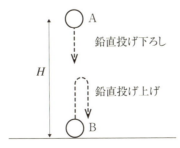

よって、等加速度直線運動の公式を使って、時刻 t における A、B の高さ y_A、y_B は、

$$y_A = H - \left(V_0 t + \frac{1}{2}gt^2\right)$$

$$y_B = V_0 t - \frac{1}{2}gt^2$$

と表すことができます。

AとBの高さが等しくなる瞬間に2つの小球は衝突するので、$y_A = y_B$ すなわち、

$$H - \left(V_0 t + \frac{1}{2}gt^2\right) = V_0 t - \frac{1}{2}gt^2 \quad \cdots ①$$

を満たす時刻 t に衝突することがわかります。

よって、①式を解いて衝突までにかかる時間 t は、

$$H - V_0 t - \frac{1}{2}gt^2 = V_0 t - \frac{1}{2}gt^2$$

$$H = 2V_0 t$$

$$\therefore t = \frac{H}{2V_0}$$

と求められます。

以上は、**静止した人の視点**で考えた解き方です。

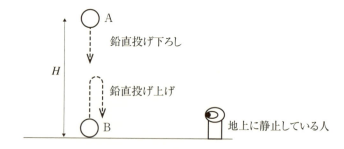

しかし、必ず静止した視点から解かなければならない、などという決まりはありません。むしろ、別の視点から状況をとらえて考える方がずっとラクに解けることがよくあるのです。この問題はその典型例です。

今回の問題は、**相対運動を考えると状況がとてもシンプルになり**、より簡単に解けるようになります。

　「相対運動」とは、2つの物体が運動するときの「片方から見たもう片方の運動」のことです。ここでは、「Aから見たBの運動」（または「Bから見たAの運動」）のことです。つまり、自分がA（またはB）になったつもりで状況をとらえると、先ほどよりずっと見通しがよくなるということです。

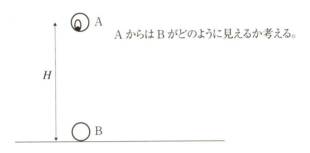

　それでは、Aの視点で考える解法2を示します。

解法2　小球Aから見える小球Bの運動を考える

　まず、運動がスタートする瞬間を考えます。小球AとBの初速は次の通りです。

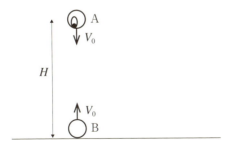

　このとき、AからはBの速度が次のように見えます。

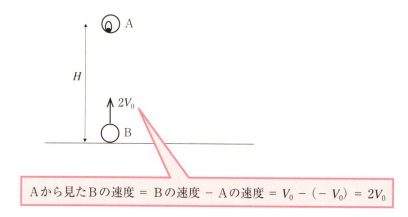

Aから見たBの速度 = Bの速度 − Aの速度 = $V_0 - (-V_0) = 2V_0$

その後、AとBはともに下向きの加速度gで運動します。

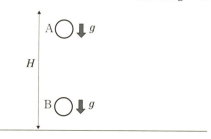

そのため、AからはBには加速度が生じていないように見えます。

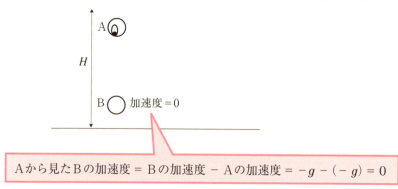

Aから見たBの加速度 = Bの加速度 − Aの加速度 = $-g - (-g) = 0$

以上のことをまとめると、Aから見たBの運動は「速さ$2V_0$の等速度運動（等速直線運動）」であることがわかります。

4章 視点を転換する

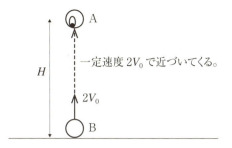

　このことがわかれば、速さ $2V_0$ で距離 H だけ移動すると衝突が起こると理解できるので、衝突までにかかる時間 t は解法1と同じく、

$$t = \frac{H}{2V_0}$$

と求められます。

　例題を通して、相対運動を考えるとラクに解けることがあることを実感していただけたのではないでしょうか？
　相対運動を考える際のポイントは、例題で登場した「相対速度」（片方から見たもう片方の速度）と「相対加速度」（片方から見たもう片方の加速度）です。
　それぞれ次のように求められることを確認しておいてください。

- 相対速度　　Aから見たBの速度　＝ Bの速度　－ Aの速度
- 相対加速度　Aから見たBの加速度 ＝ Bの加速度 － Aの加速度

Simulation動画

次の練習問題1も、AとBの運動を別々に考えると面倒ですが、Aから見たBの運動を考えるとラクに解くことができます。

練習問題 1

小球Aが、空中の小球Bに水平な速度 v で衝突した。衝突直前のBの速さは0であり、衝突位置の高さは H であった。また、AとBの間の反発係数（はね返り係数）は e である。2つの小球の着地点間の距離を求めよ。重力加速度の大きさを g とする。

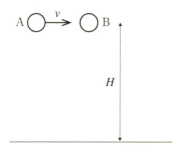

解法

衝突直前のAから見たBの速度（相対速度）の大きさは v です。
そして、反発係数 e で衝突した直後の相対速度の大きさは ev となります。

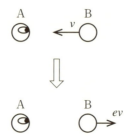

その後、AとBの鉛直方向の速度成分はそれぞれ変化しますが、Aから見たBの加速度（相対加速度）は0なので、AからはBが等速度運動しているように見えます。

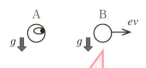

Aから見たBの加速度 = Bの加速度 − Aの加速度 = $-g-(-g)=0$

つまり、Aから見たBの運動は「速さ ev の等速度運動」となることがわかります。

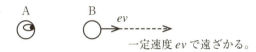

一定速度 ev で遠ざかる。

あとは着地までの時間がわかれば、着地点間の距離を求められます。
高さ H だけ落下するのにかかる時間 T は、

$$H = \frac{1}{2}gT^2$$

$$\therefore T = \sqrt{\frac{2H}{g}}$$

であることがわかります。よって、

A、Bの着地点間の距離 $= ev \times T = ev\sqrt{\dfrac{2H}{g}}$

と求められます。

Simulation動画

練習問題 2

　なめらかな水平面上に、質量 M の物体 A と質量 m の物体 B が図のように置かれている。最初 A と B は静止していて、A にのみ初速度 V を与えたところ、時間 T だけ経ったら A と B は同じ速度で運動するようになった。時間 T と、その間に B が A の上を滑った距離 L を求めよ。A と B の間の動摩擦係数を μ とし、重力加速度の大きさは g とする。

解法

　この問題も、A から見た B の運動を考えて、サクサク解いてしまいましょう。

　まずは、A、B それぞれの加速度を求めます。

　運動方程式はそれぞれ、

- 物体 A の運動方程式　$Ma_A = -\mu mg$
- 物体 B の運動方程式　$ma_B = \mu mg$

（a_A、a_B は、それぞれ右向きを正とした A、B の加速度）

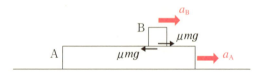

と書けるので、これを解いて、

$$a_A = -\frac{\mu mg}{M}$$

$$a_B = \mu g$$

と求められます。ここから、

Aから見たBの加速度 $a = a_B - a_A = \dfrac{(M+m)\mu g}{M}$

であることがわかります。また、

　Aから見たBの初速度 $= 0 - V = -V$

　つまり、Aから見たBの運動は「初速度 $-V$、加速度 a の等加速度運動」となることがわかるのです。そして、やがて静止します。

　「AとBが同じ速度で運動する」ようになるのは、「Aから見てBが静止する」ときです。このようになるまでの時間 T は、

　$0 = -V + aT$

　$\therefore T = \dfrac{V}{a} = \dfrac{MV}{(M+m)\mu g}$

と求めることができます。

　そして、その間に「BがAの上を滑った距離」＝「Aから見たBの移動距離」L は、等加速度運動の公式を使って、次のように求められます。

　$0^2 - (-V)^2 = -2aL$

　$\therefore L = \dfrac{V^2}{2a} = \dfrac{MV^2}{2(M+m)\mu g}$

Column　モンキーハンティングを相対運動で理解する

物理を学んだことのある方なら、一度は「モンキーハンティング」の話を聞いたことがあると思います。次のような問いです。

　木の上にいる猿をハンターが狙っている。ハンターは猿に向かって弾を発射するが、その瞬間に猿は驚いて木から落下する。このような状況でハンターが猿に弾を命中させるには、どのような向きに弾を発射するのがよいか？

猿が落下していくのは、猿に重力がはたらいているからです。

ただし、重力がはたらくのは猿だけではありません。弾にも重力がはたらきます。

そのことを考慮すると、猿と弾はそれぞれ次のように動いていくことがわかります。

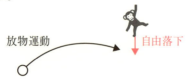

猿と弾それぞれの運動について考えてみましょう。

時間 t の間の移動距離については次のようになります。

　　猿：$\frac{1}{2}gt^2$ だけ落下する。

　　弾：$v_0 t - \frac{1}{2}gt^2$ だけ上昇する。

　　　（v_0 は初速度の鉛直成分の大きさ）

両方に登場する $\frac{1}{2}gt^2$ は、ともに重力の影響によって落下する距離です。つまり、重力によって落下する距離は等しいことがわかるのです。

このことから、

- **もしも重力がなかったら**

- **実際には重力があるから**

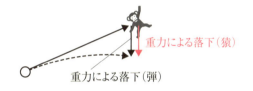

ということがわかります。

「もしも重力がなかったら」の図の直線運動の向きは、弾の初速度で決まります。

重力がなければ、猿に向けて弾を発すれば猿に命中することになります。

そして、実際には重力があるわけですが、重力の影響による落下距離が猿と弾とで等しいので、重力がある場合もやはり猿に向けて弾を発射すれば猿に命中するのです。

（もちろん、命中前に着地することのないような初速が必要です。）

「猿は落下するんだから、その分も計算に入れて猿より下に向けて発射しよう」というのでは、命中しないのですね。

モンキーハンティングの問題は、以上のように考えられることが多いと思います。

しかし、**相対運動を考えるとよりシンプルに考えられます。**

〈相対運動を考える解法〉

今度は、猿の視点で弾の運動を考えてみます。

弾が発射された瞬間には猿はまだ動いていないので、猿から見える弾の初速度は地面に対する弾の初速度と等しくなります。

そして、その後は猿も弾もともに重力を受けながら運動します。

つまり、**両者に生じる加速度は重力加速度 g で共通**だということです。

よって、猿から見た弾の加速度（相対加速度）は $g - g = 0$ となるのです。

つまり、猿からは弾に加速度が生じていないように見えます。

これは、猿から見た弾の運動が等速度運動になることを意味します。

・**猿からは、弾は等速度運動して見える**

以上のことがわかれば、弾の初速度が最初に猿がいる位置へ向いていれば、弾は猿に命中することがわかるのです。

相対運動を考えれば、モンキーハンティングの問題は計算などせずに理解できるのです。

Column 猿に初速度があったら？

　モンキーハンティングは、普通は猿に初速がない（自由落下する）設定で考えます。

　もしも猿に初速がある場合、普通の考え方（両者の放物運動を考える）では計算がちょっと面倒になります。しかし、相対運動を考えれば、労力は全く変わりません。

　猿と弾に生じる加速度がともに重力加速度 g であるということは変わらず、**相対加速度が0のまま**だからです。

　つまり、**猿に初速があろうがなかろうが、猿から見た弾の運動は等速度運動になる**のです。

　猿に初速が生まれることで変わるのは、猿から見た弾の初速度です。

　　猿から見た弾の速度（相対速度）＝ 弾の速度 − 猿の速度

と求められるので、例えば次のような場合、猿から見た弾の初速度は下のようになります。

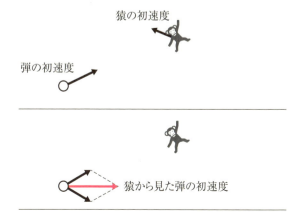

これでは、その後に弾が等速度運動しても、猿には命中しませんよね。猿に命中するには、初速度が猿の位置を向いている必要があります。

　例えば、それぞれ次のような初速度であれば、下のように弾は猿に命中します。

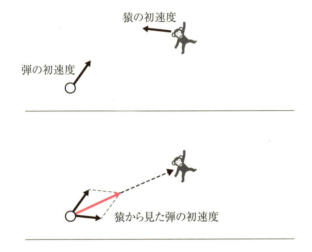

　この考え方は、例えばミサイル迎撃に応用可能です。

　飛行するミサイルの現在位置に向けて迎撃弾を発射しても、命中しないでしょう。

　飛行中のミサイルの速度（速さと向き）を把握できれば、上のように相対速度を考えることで迎撃弾を命中させるために必要な発射速度（速さと向き）を計算できます。

　（ただし、実際には空気抵抗なども考慮しなければなりませんので、もう少し複雑になります。）

入試問題に挑戦！

最後に、大学入試問題に挑戦してみましょう。

入試問題 ❶

　図のように、水平な床の上にL字型の絶縁体でできた質量Mの台を置き、台の壁Aから距離Lの台上の点Bに、質量m（$<M$）で電荷q（>0）を持つ大きさの無視できる物体を置く。図の矢印の向きに電場Eをかけることができる。物体と台との間の摩擦は無視でき、物体と壁との衝突は弾性衝突とする。

(1) 電場をかけず、台は静止の状態で、物体を台上の点Bから初速度Vで壁の向きへ滑らせた。物体がふたたび台上の点Bに来るまでの時間を求めよ。台と床の間の摩擦は無視できるものとする。

(2) 台は静止の状態で、物体も台上の点Bに静止している。この状態で、電場Eをかけた。すると、物体が動きはじめて壁に衝突した。その後、物体が壁から最も離れる距離を求めよ。台と床の間の摩擦は無視できるものとする。

(3) 台と床の間に動摩擦係数μの摩擦力がはたらく場合を考える。この状態で前問(2)と同じように電場Eをかけた。このとき、1回目の衝突から2回目の衝突までの時間は、(2)の場合の1回目の衝突から2回目の衝突までの時間の何倍となるか。

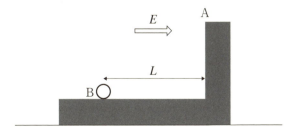

（1990年　東京大学　改題）

(1) 台から見える物体の運動を考えてみましょう。

衝突までの間、物体は「速さ V の等速度運動」をして見えます。

そして、壁と物体は弾性衝突するので、衝突直後の台から見た物体の速さは衝突前と変わらず、V となります。つまり、そのまま「速さ V の等速度運動」をして見えるのです。

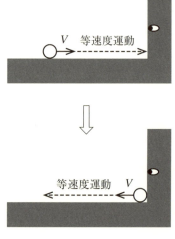

よって、物体がふたたび台上の点Bに来るまでの時間は $\dfrac{2L}{V}$ と求められます。

(2) 物体は、電場 E から大きさ qE の静電気力を受けます。

よって、物体の運動方程式は、

$ma = qE$

と書け、ここから物体に生じる加速度 a は次のように求められます。

$a = \dfrac{qE}{m}$

また、台には力がはたらかないので加速度は生じません。よって、台から見た物体の加速度は $\dfrac{qE}{m}$ となります。

これは衝突後も変わりませんので、衝突前後ともに台からは物体が「加速度 $\dfrac{qE}{m}$ の等加速度直線運動」をして見えるのです。

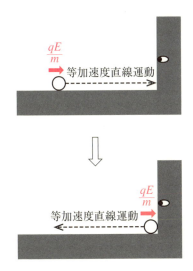

　最初に台も物体も静止していますので、台から見た物体の速度が0の状態から運動が始まります。

　そして、物体が壁から最も離れるのは台から見た物体の速度が0となるときです。

　このことから、「スタートから壁に衝突するまで」と「衝突してから最も離れるまで」の台から見た物体の運動は対称（録画して巻き戻したような関係）であることがわかります。

　よって、物体が壁から最も離れるときの距離は L と求められます。

(3)　台と物体の間には摩擦力がはたらかないので、物体が台に衝突するまで台は動き出しません。床からの摩擦力がはたらくのは、物体が台に衝突して台が動き出してからです。

　よって、物体が1回目の衝突をするまでの運動は前問(2)の場合と同じになります。つまり、物体が壁に衝突するときの速度は変わらないわけです。

　物体が衝突した後の運動は、台に摩擦力がはたらくために(2)の場合とは異なります。

　台にはたらく動摩擦力 $= \mu(M+m)g$ のため、台から見た物体の加速度が次のようになるのです。

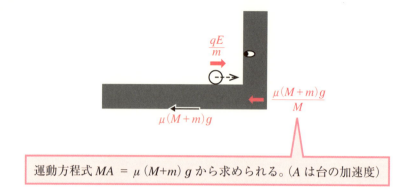

運動方程式 $MA = \mu(M+m)g$ から求められる。(A は台の加速度)

台から見た物体の加速度 $= \dfrac{qE}{m} - \left\{-\dfrac{\mu(M+m)g}{M}\right\} = \dfrac{qE}{m} + \dfrac{\mu(M+m)g}{M}$

このことから、台から見た物体の運動は次のようになることがわかります。

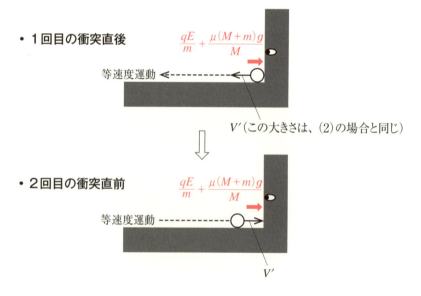

　台に摩擦力がはたらくかどうかに関係なく、台から見ると物体は同じ速度で等加速度運動を始め、同じ速度で戻ってくるのです。つまり、速度変化は同じなのです。

違うのは、加速度の大きさです。(2) の場合は $\dfrac{qE}{m}$ 、(3) の場合は

$\dfrac{qE}{m} + \dfrac{\mu(M+m)g}{M}$ です。

よって、1回目の衝突から2回目の衝突までの時間は、速度変化を $\varDelta V$
($= 2V'$) とすると、

- (2) の場合　$\dfrac{\varDelta V}{\dfrac{qE}{m}}$

- (3) の場合　$\dfrac{\varDelta V}{\dfrac{qE}{m} + \dfrac{\mu(M+m)g}{M}}$

となるので、(3) の場合と (2) の場合の時間の比は、

$$\dfrac{\varDelta V}{\dfrac{qE}{m} + \dfrac{\mu(M+m)g}{M}} \div \dfrac{\varDelta V}{\dfrac{qE}{m}} = \dfrac{\dfrac{qE}{m}}{\dfrac{qE}{m} + \dfrac{\mu(M+m)g}{M}}$$

$$= \dfrac{MqE}{MqE + \mu(M+m)mg} \quad （倍）$$

となることがわかります。

4-2 慣性力と見かけの重力（1）
加速度運動するものの視点で考える

今度は、加速度運動するものの中や上で物体が運動するパターンを考えてみます。

まずは、次の例題を解いてみてください。

> **例題**
>
> なめらかな斜面を持つ図のような台が、水平面上で等加速度直線運動している。この台の斜面上に小球を置き、斜面に沿って適当な初速を与えた。すると、小球は台の上から見て等速直線運動をした。台の加速度の向きと大きさを求めよ。重力加速度の大きさを g とする。
>
>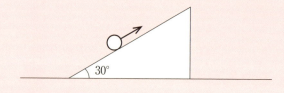

さて、この問題をどのように解きましょう？

静止した視点から解くこともできますが、問題文に「小球は**台の上から見て**等速直線運動をした」とあるのですから、台に乗った人の視点で考える方がラクそうです。

ここで、台は等加速度運動していますので、等加速度運動するものに乗った人の視点からの考え方を説明しておきます。

次のような、加速度 a で等加速度運動する電車に乗った人の視点を考えてみましょう。

電車に乗った人からは、物体には「慣性力」という力がはたらいて見えます。そのため、次のような力のつりあいが成り立っているように見えるわけです。

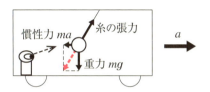

さて、この慣性力は電車に乗った人の見え方をどのように変えているでしょう？

電車に乗った人にとっては、見かけ上は「実際の重力と慣性力の合力」が重力となって見えるのです。

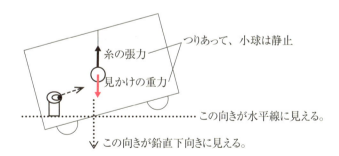

このように、等加速度運動するものに乗った人の視点では、重力の向きが変わって見えるのです。

そして、見かけの重力は実際の重力とは大きさも異なります。

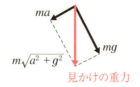

以上のことを念頭に、例題を解いてみたいと思います。

解法

さて、台に乗った人から見て小球が等速直線運動するということは、台に乗った人には次のような世界が見えているということです。

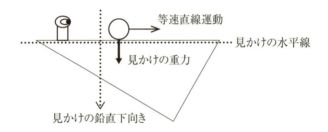

「実際の重力と慣性力の合力」が見かけの重力となって見えることから、次のようになっていることがわかります。

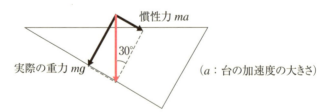

ここから、台の加速度の大きさ a は、

$$a = \frac{g}{\sqrt{3}}$$

と求められます。

また、慣性力の向きから台の加速度は水平左向きとわかります。

　図のような円錐面上で、長さ L の糸につるした物体に水平方向の初速度 v を与える。このとき、物体が円錐面から離れずに円運動するための v の条件を求めよ。重力加速度の大きさを g とする。

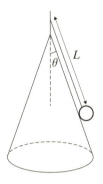

解法

　この問題は、物体と一緒に円運動する視点で考えると解きやすくなります。

　物体と一緒に円運動する視点からは、次のような遠心力が見えます。

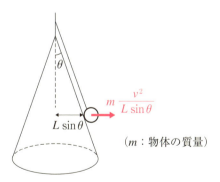

（m：物体の質量）

　そのため、一緒に円運動する視点には次のような世界が見えることになるのです。

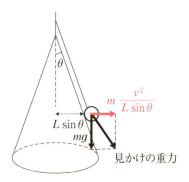

　すると、次のように物体が面から離れるかどうかがすんなり求められます。

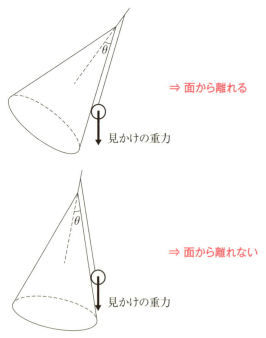

⇒ 面から離れる

⇒ 面から離れない

　以上のことから、面から離れないための条件は次のように求められます。

$$\frac{m\dfrac{v^2}{L\sin\theta}}{mg} \leqq \tan\theta \qquad \therefore v \leqq \sqrt{gL\sin\theta\tan\theta}$$

練習問題 ❷

長さ L の糸に小球をつけて、乗り物の天井につるした。この乗り物を水平右向きに加速度 a で等加速度運動させると、図のように、糸が少し傾いた位置で小球は乗り物に対して静止した。この状態から小球を少しずらして静かに放すと、小球は振り子運動をした。振り子運動の中心の位置と周期を求めよ。重力加速度の大きさを g とする。

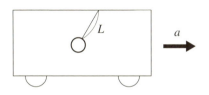

解法

最初に小球が乗り物に対して静止しているとき、乗り物に乗った人には次のように見えます。

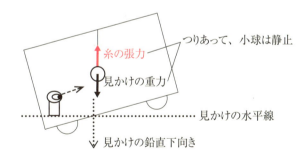

このとき、次のように「実際の重力と慣性力の合力」が見かけの重力となります。

これより、

　　見かけの重力の大きさ ＝ $m\sqrt{a^2+g^2}$

であることがわかります。つまり、乗り物に乗った人には、

　　見かけの重力加速度の大きさ $g' = \sqrt{a^2+g^2}$

の世界が見えているのです。そのため、この人には、

　　周期 ＝ $2\pi\sqrt{\dfrac{L}{g'}}$

　　　　＝ $2\pi\sqrt{\dfrac{L}{\sqrt{a^2+g^2}}}$

の振り子運動が観察されます。

　そして、**乗り物に乗った人から見た**最も低い位置が振り子運動の中心となるので、それは振り子運動させる前に、小球が乗り物に対して静止していた位置であることがわかります。

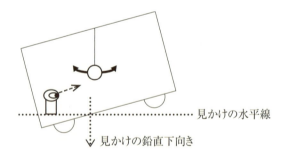

練習問題 ❸

ばね定数 k のばねに質量 m のおもりをつけて、図のような台車に水平にとりつけた。台車の面に摩擦はない。この台車を左向きに加速度 a で等加速度運動させたところ、ばねはわずかに伸びてから、おもりは台車に対して静止した。

この位置からおもりを長さ L だけずらして静かに（台車に対して静止するように）放すと、おもりは台車の上で単振動をした。この単振動の中心の位置、（台車から見た）中心での速さ、周期を求めよ。

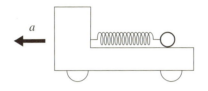

解法

物体が乗り物の上で単振動する場合も、「乗り物に乗った人の視点」で考えると解きやすくなります。

まず、最初におもりが台車に対して静止しているとき、台車に乗った人の視点からは次のように力がはたらき、これがつりあって見えます。

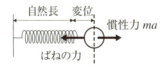

ここからおもりが X だけずれると、ばねの力の大きさが kX だけ変化するので、おもりには次のような力がはたらきます。

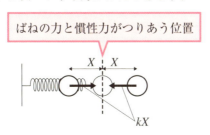

第2部　物理の視座

これが復元力となり、おもりは単振動して見えます。

このとき、**慣性力によって変わるのは振動の中心だけであり、復元力の比例定数 k は慣性力があっても変わらないので、振動の周期やエネルギー（振動中心での速さ）は変わらない**ことがわかるのです。

以上のことから、振動の中心は振動していないときに台車に対して静止していた位置となることがわかり、その周期は $2\pi\sqrt{\dfrac{m}{k}}$ となることもわかります。

また、振動の中心での速さは、力学的エネルギー保存則から求められます。これは、あくまでも台車に乗った人の視点からの力学的エネルギーを表していることに注意してください。

折り返し点　　　　　　　　　　振動の中心
（ばねの弾性エネルギー）　　　（運動エネルギー）

$$\frac{1}{2}kL^2 \qquad = \qquad \frac{1}{2}mV^2$$

これを解くと、台車に乗っている人から見た中心での速さ V は、

$$V = L\sqrt{\frac{k}{m}}$$

と求められます。

4章 視点を転換する

Column　ばね振り子の周期を変えるには

　練習問題3からは、「等加速度運動するものの上でもばね振り子の周期は変わらない」ことがわかりました。

　他のパターンでも、ばね振り子の周期はなかなか変わりません。例としては、

- 斜面上のばね振り子（ばねが斜めになる）
- 鉛直ばね振り子（ばねが鉛直になる）
- 摩擦がある面上でのばね振り子

などです。いずれも頻出のパターンですが、結論としては「振動の周期は $2\pi\sqrt{\dfrac{m}{k}}$ となる」となります。

　このように、同じばねを使えば、ばね振り子の周期はなかなか変わらないことがわかります。

　では、どのような状況だとばね振り子の周期は変化するのでしょう？

　その例が、次の練習問題4で登場します。

　図のように、水平でなめらかな円板の中心にばね定数 k のばねをとりつけ、他端に質量 m の物体をつけた。円板を、少しずつ角速度を増しながら回転させたとき、角速度が ω となったときの物体の円板上での位置を A とする。角速度を ω に保ったまま、物体を A より中心から少しだけ離れた位置で円板に対して静止した状態で放すと、物体は円板に対して単振動をした。この単振動の周期を求めよ。また、物体の運動を床から見たときに、その軌道が毎周同じになるための条件を求めよ。

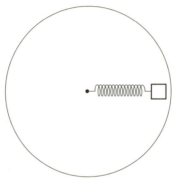

解法

　円板上で物体と一緒に動く人の視点からは、物体が円板上の位置 A で静止しているとき、次のような力がはたらいて見えます。

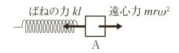

このとき、力のつりあい

　　$kl = mr\omega^2$ （ l：ばねの自然長からの伸び、r：円運動の半径）

が成り立つことを確認しておきます。

物体がこの位置 A から x だけずれると、はたらく力は次のようになります。

ばねの力 $k(l + x)$ 　　　　遠心力 $m(r + x)\omega^2$

A　x

　このとき、位置 A の向きに、

$$k(l + x) - m(r + x)\omega^2 = (k - m\omega^2)x$$

力のつりあい $kl = mr\omega^2$ より

の大きさの力がはたらくことがわかります。

　そして、この力が復元力となって、物体は単振動することがわかります。

　よって、その周期 T は、

$$T = 2\pi\sqrt{\frac{m}{k - m\omega^2}}$$

　そして、床から見て軌道が毎周同じになるためには、円板が 1 周する間にちょうど整数回の単振動が起こればよいので、

$$\frac{2\pi}{\omega} = T \times n \quad (n：整数)$$

これを整理して、

$$\frac{2\pi}{\omega} = 2\pi\sqrt{\frac{m}{k - m\omega^2}} \times n$$

$$\frac{1}{\omega^2} = \frac{m}{k - m\omega^2} \times n^2$$

$$k - m\omega^2 = n^2 m\omega^2$$

$$\therefore k = (1 + n^2)m\omega^2$$

が求める条件であるとわかります。

入試問題に挑戦！

最後に、大学入試問題に挑戦してみましょう。

入試問題 ❶

　図のように、円弧状のすべり面を持つすべり台Aを固定した台車が水平な床に置かれている。ただし、台車の上面は床に平行である。すべり台Aの左端と右端の高さはそれぞれ H と h であり、その円弧の半径は $H-h$ で、その表面はなめらかである。このすべり台A上に置かれた質量 m の小物体Pの運動を考えよう。ここでは、台車を右向きに一定の加速度 a で動かしている場合を考える。以下の設問では、重力加速度の大きさを g とし、すべての運動は紙面内に限るとする。また、すべり台Aの右端で台車上面の点をOとする。

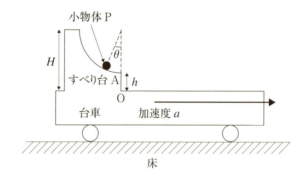

(1) 小物体Pを、すべり台Aの円弧上で鉛直となす角 θ の位置にそっと置いたところ、小物体Pは置かれた位置ですべり台Aに対して静止したままであった。このとき、加速度 a の大きさを求めよ。

(2) 小物体Pを、すべり台Aの円弧上で台車からの高さ H の点ですべり台Aに対して静止するように置いてそっと放した。すると、小物体Pは円弧上をすべり落ちた後、すべり台Aから水平に飛び出した。すべり台Aから飛び出す瞬間の台車に対する小物体Pの速さ V を m、H、h、g、θ の中から必要なものを使って表せ。

(3) すべり台Aの円弧上のある位置で、小物体Pをすべり台Aに対して静止するように置きそっと放した。すると、小物体Pは円弧上をすべり落ちた後、台車に対する速さV_0ですべり台Aから水平に飛び出した。その後、小物体Pは台車上面で1回はね、すべり台Aから飛び出した位置に再び戻ってきた。このときのV_0と、小物体Pがすべり台A上に戻ってきたときの台車に対する速さV_1をそれぞれm、h、g、aの中から必要なものを使って表せ。ただし、小物体Pと台車上面との間のはね返り係数は1とする。

(2011年 大阪大学 改題)

(1) 台車に乗っている人の視点からは、次のように見えます。

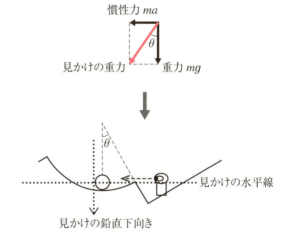

したがって、上の図から、$a = g\tan\theta$ であることがわかります。

(2) 前問(1)の図から、見かけの重力加速度の大きさ $g' = \dfrac{g}{\cos\theta}$ であることがわかります。

これを使って、台車に乗った人から見た力学的エネルギー保存則を書くと、

$$m \cdot \frac{g}{\cos\theta} \cdot (H-h)(\cos\theta - \sin\theta) = \frac{1}{2}mV^2$$

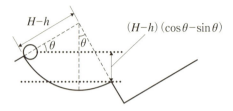

これを解くと、台車に対する小物体Pの速さ V は、

$$V = \sqrt{2g(H-h)(1-\tan\theta)}$$

と求められます。

(3) 小物体Pが飛び出した位置へ戻ってきたということは、次の図のように「巻き戻し」が起こったということです。

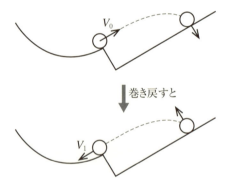

　Pの運動が巻き戻されるとき、速度も巻き戻されます。速度が「巻き戻される」というのは、「逆向きの速度で運動する」ということになるのです。

　このことから、衝突後に巻き戻し運動が実現するためには、Pが台車上面に垂直に衝突する必要があることがわかります。

　このとき、Pには次のような加速度が生じています。

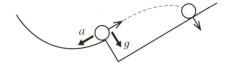

よって、Pが飛び出してから台車上面に衝突するまでの時間を t とすると、

$$\frac{1}{2}gt^2 = h$$

が成り立ち、ここから $t = \sqrt{\dfrac{2h}{g}}$ と求められます。

そして、この時間 t だけ経過するとPの速度の台車上面に平行な成分が0となることから、

$$V_0 - at = 0$$

が成り立つこともわかります。ここへ、上で求めた t の値を代入すると、

$$V_0 = a\sqrt{\dfrac{2h}{g}}$$

と求められます。そして、巻き戻し運動が起こることから、

$$V_1 = V_0 = a\sqrt{\dfrac{2h}{g}}$$

であることも求められるのです。

4-3 慣性力と見かけの重力（2）
電場と磁場における座標軸を考える

　前節4-2で学んだ考え方は、力学分野の問題だけで通用するものではありません。分野を問わずに活用できます。

　特に、電磁気学が関係する問題でも威力を発揮しますので、いくつかの問題を通して確認・練習してみましょう。

> **例題**
>
> 　図のように、長さ L の糸に質量 m で正の電荷 q を持つ球をつけて単振り子をつくった。水平右向きの電場 E の中で単振り子を単振動させるとき、単振動の中心の位置と周期を求めよ。重力加速度の大きさを g とする。
>
>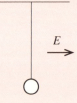

解法

電場中の小球には次のような2つの力がはたらきます。

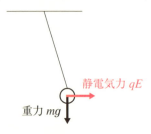

2つの力の合力の大きさは、

$$\sqrt{(mg)^2+(qE)^2} = m\sqrt{g^2+\left(\frac{qE}{m}\right)^2}$$

となりますが、これは見かけの重力と考えることができます。

つまり、見かけの重力加速度 g' が、

$$g' = \sqrt{g^2+\left(\frac{qE}{m}\right)^2}$$

となるということです。よって、単振動の周期 T は、

$$T = 2\pi\sqrt{\frac{L}{g'}} = 2\pi\sqrt{\frac{L}{\sqrt{g^2+\left(\frac{qE}{m}\right)^2}}}$$

であることがわかり、下の図のように、

$$\tan\theta = \frac{qE}{mg}$$

を満たす角度 θ だけ糸が右側に傾いた位置が、振動の中心となることがわかります。

Simulation動画

図のように、長さ L の糸に質量 m で正の電荷 q を持つ小球をつけて単振り子をつくった。水平右向きの電場 $\dfrac{\sqrt{3}mg}{q}$（g は重力加速度の大きさ）の中で静止した状態で、糸に垂直な方向に小球に初速度を与える。このとき、初速度の大きさをいくら以上にすれば、糸がたるむことなく小球は回転運動を続けられるか。

解法

電場中の小球には次のような2つの力がはたらきます。

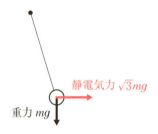

2つの力の合力の大きさは $2mg$ となり、これを見かけの重力と考えることができます。つまり、見かけの重力加速度の大きさが $2g$ となるわけです。

よって、小球にはたらく力がつりあうのは次のような位置となります。

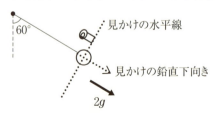

この状態で小球に初速度 v を与えます。

その後に円運動を続けるとすると、観測者から見える最高点を考えて下の2式を書くことができます。ただし、観測者から見える最高点における小球の速さを v'、糸の張力を T としています。

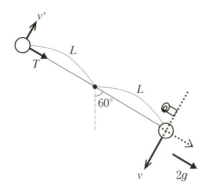

- 力学的エネルギー保存則　　$\dfrac{1}{2}mv^2 = m \cdot 2g \cdot 2L + \dfrac{1}{2}mv'^2$

- 最高点での運動方程式　　$m\dfrac{v'^2}{L} = m \cdot 2g + T$

2式を整理すると、

$$T = m\dfrac{v^2}{L} - 10mg$$

と求められますが、$T \geqq 0$ であれば糸はたるむことなく小球が回転運動を続けられます。

よって、求める条件は次のように求められます。

$m\dfrac{v^2}{L} - 10mg \geqq 0$

$v^2 \geqq 10gL$

$\therefore v \geqq \sqrt{10gL}$

Simulation動画

入試問題に挑戦！

それでは、大学入試問題に挑戦してみましょう。

入試問題 ❶

図のように、長さ L、質量 M の導体棒を、長さ l の導線2本でつり下げたブランコを考える。ブランコの支持点は摩擦なく自由に回転できるような、なめらかな軸受になっている。導線には、抵抗値 R の抵抗と直流電源がつながれている。このブランコの導体棒は鉛直上向

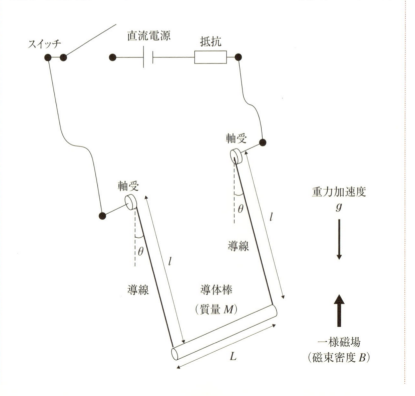

きの一様磁場（磁束密度 B）中を運動するものとする。鉛直下向きからのブランコの振れ角を θ、重力加速度の大きさを g とする。ただし、導体棒や導線は変形しないものとし、それらの抵抗や太さは無視できるものとする。また、導線の質量、電源の内部抵抗も無視できるものとする。導体棒以外の導線や電気回路は一様磁場の外にあり影響を受けない。自己インダクタンス、大気による摩擦は無視できるものとする。ブランコの振動周期に対する抵抗の効果は考慮しなくて良い。

スイッチを閉じて一定電圧を加えたところ、ブランコを $\theta = \dfrac{\pi}{4}$ の位置で静止させることができた。さらにその状態からブランコを $\theta = \dfrac{\pi}{4} + \delta$ の位置まで持ち上げてそっと離したところ、ブランコは振動を始めた。短時間ではこの運動は単振動とみなしてよい。その周期 T を求めよ。ただし、δ は正の微小値である。

（2017 年 東京大学 改題）

導体棒が $\theta = \dfrac{\pi}{4}$ で静止しているとき、次のように力のつりあいが成り立っています。

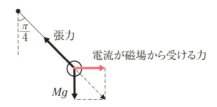

この図から、電流が磁場から受ける力の大きさは重力 Mg と等しいことがわかり、2 つの合力の大きさが $\sqrt{2}Mg$ であることがわかります。

このような状況で、力のつりあいの位置から少しずらして単振動させることは、見かけの重力加速度 $g' = \sqrt{2}g$ の世界で単振動させるのと同じです。

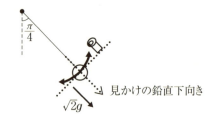

このことから、単振動の周期 T は、

$$T = 2\pi\sqrt{\frac{l}{g'}} = 2\pi\sqrt{\frac{l}{\sqrt{2}g}}$$

と求められます。

4-4 いろいろな運動と重心の視点

複数物体の重心の視点で考える

　4-1～4-3と、前節まで2つパターンで視点を移動して考えることの有効性を紹介してきました。

　もうひとつ、問題を解くのに役立つことが多い視点があります。「重心の視点」です。

　この3つ目のパターンでは、「重心の視点で考える」方法を紹介します。これも複数の物体が登場する問題で有効な場合が多いので、ぜひ身につけてもらえればと思います。

　まずは、次の例題を解いてみてください。

> **例題**
>
> 　質量MのおもりAと質量mのおもりBをばね定数kのばねでつなぎ、なめらかな水平面の上に置いた。Aにだけ初速度Vを右向きに与えたところ、A、Bともに振動しながら右向きに動いていった。このとき、ばねが再び自然長に戻るまでの時間を求めよ。
>
>

A、Bは静止した視点から見ると、次のような運動をします。

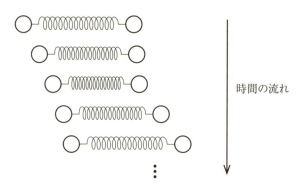

A、Bは振動しながら全体として右へ移動していくのです。

この運動をそのまま考えるのは至難の業です。そこで、視点の移動が必要になります。

1つの解法としては、4-1（p.169）で紹介した「相対運動を考える」という方法と、4-2〜4-3（p.188, p.204）で紹介した「加速度運動するものの視点で考える（慣性力を考える）」という方法を組み合わせれば解くことができます。

その方法を、次の解法1で示します。

解法1　加速度運動するAから見た相対運動を考える

ばねが伸び縮みするので、AとBはばねの力を受けます。そして、そのために加速度が生じます。まずはその様子を確認しましょう。

ばねが長さ ΔL だけ縮んでいる瞬間、次のようにA、Bは力を受けます。

A、Bの加速度をそれぞれ a_A、a_B とすると（右向きを正とする）、それぞれ運動方程式は次のようになります。

4章 視点を転換する

- Aの運動方程式　$Ma_A = -k\Delta L$
- Bの運動方程式　$ma_B = k\Delta L$

それでは、AからみたBの運動を考えましょう。

A、Bともに振動しながら右向きに動いていく、という運動をするので、AからBを見るとBは単振動して見えることが想像できます。

このとき、上の運動方程式からAに生じる加速度 $a_A = -\dfrac{k\Delta L}{M}$ とわかります。

そのため、Aの視点からはBにはたらく力は次のように見えます。

A ●━━wwwww━━● B $m\dfrac{k\Delta L}{M}$（慣性力）
$k\Delta L$

$$2\text{つの力の合力} = k\Delta L + m\frac{k\Delta L}{M} = \frac{M+m}{M}k\Delta L$$

つまり、Aからは「質量 m のおもりBは、大きさ $\dfrac{M+m}{M}k\Delta L$ の復元力を受けて単振動している」と見えることがわかるのです。

このことがわかれば、単振動の周期 T は、復元力の比例定数を K として、

$$T = 2\pi\sqrt{\frac{m}{K}} = 2\pi\sqrt{\frac{m}{\dfrac{M+m}{M}k}} = 2\pi\sqrt{\frac{Mm}{k(M+m)}}$$

と求められます。

これが、ばねが再び自然長に戻るまでの時間です。

以上のように解けることがわかりました。

計算はそれほど大変ではありませんが、Aの視点からBの運動を想像して、かつ慣性力の大きさを求める必要があるので、それなりに手間がかかります。

これを、重心の視点で考えるとどうなるでしょう？ 解法2に示してみます。

213

考え方の説明を加えているので手間がかかるように感じるかもしれませんが、実際に行う計算は至ってシンプルです。

解法2　重心の視点で考える

まずは、「A＋ばね＋B」というグループについて考えます。

このグループには重心があります。重心の位置は、ばねの長さを L とすると、次のようになります。

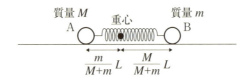

ここで、この問題では「A＋ばね＋B」のグループに対して外から力がはたらいていないので、**重心の速度は一定**になることがポイントです。

どうしてそれが大事なのかというと、重心の速度が一定であれば**重心の視点からAやBの運動を見るとき慣性力が生じない**からです。

このことを確認した上で、問題の状況を重心の視点から見ると、次のようになります。

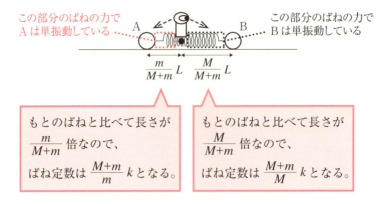

よって、重心の視点からは、AとBのそれぞれについて、次のように見えることがわかります。

4章 視点を転換する

「質量 M のおもりAが、ばね定数 $\dfrac{M+m}{m}k$ のばねの弾性力によって

単振動している。」

「質量 m のおもりBが、ばね定数 $\dfrac{M+m}{M}k$ のばねの弾性力によって

単振動している。」

ここから、

$$\text{A の振動の周期} = 2\pi\sqrt{\dfrac{M}{\dfrac{M+m}{m}k}} = 2\pi\sqrt{\dfrac{Mm}{k(M+m)}}$$

$$\text{B の振動の周期} = 2\pi\sqrt{\dfrac{m}{\dfrac{M+m}{M}k}} = 2\pi\sqrt{\dfrac{Mm}{k(M+m)}}$$

というように、重心からはAとBが同じ周期で単振動して見えることが求められるのです。

このようにして、ばねが再び自然長に戻るまでの時間を求めることができました。

いかがでしょうか。

計算もラクになりますが、重心の視点で考える最大のメリットは**運動の状況がスッキリ見えるようになる**ことです。

ここでは重心の視点で考える方法を紹介しました。貴重な武器になりますので、ぜひマスターしてもらえればと思います。

水平な床の上に、図のような質量 M の三角形の台があり、その上に質量 m の小物体を乗せた。小物体と台がともに静止した状態で静かに放すと、小物体が台の面上を滑りだした。小物体が面上を距離 L だけ滑ったとき、台はどれだけ移動したか。ただし、すべての摩擦は無視する。

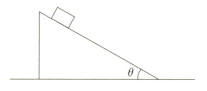

解法

　小物体と台が受ける外力は重力と垂直抗力だけで、水平方向には外力を受けません。そのため、重心の水平方向の運動量は変化しません。

　そして、最初の状態では小物体と台は静止しているので、重心の運動量は 0 です。つまり、**重心は水平方向には移動しない**ことがわかるのです。

　小物体が滑る前の重心の位置を O と決めると、小物体が台の面上を距離 L だけ滑ったときのそれぞれの位置は次のようになります。

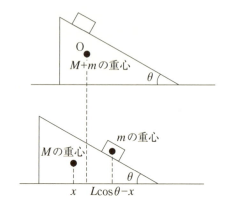

小物体と台の全体の重心が水平方向には移動しないことから、

$$\frac{-Mx + m(L\cos\theta - x)}{M + m} = 0$$

であることがわかり、これを解いて、

$$x = \frac{mL\cos\theta}{M + m}$$

と求められます。

> **練習問題 2**
>
> 互いの万有引力だけによってそれぞれ等速円運動する質量 m の惑星 A と質量 M の恒星 B とがある。惑星 A の速さが v のとき、恒星 B の速さを求めよ。

解法1　惑星A、恒星Bそれぞれの運動を考える

惑星 A と恒星 B がそれぞれ等速円運動している様子は、次のように描くことができます。ただし、A、B の等速円運動の半径をそれぞれ r、R とし、B の速さを V としています。

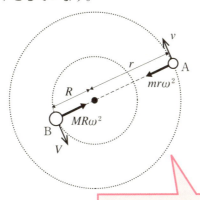

互いの万有引力が向心力となるので、角速度 ω は共通となります。

このとき、A、Bそれぞれを等速円運動させている力はお互いの万有引力ですので、大きさが等しくなっています。

$$mr\omega^2 = MR\omega^2$$

ここから、$R = \dfrac{mr}{M}$ であることがわかります。

惑星Aの速さ $v = r\omega$ より $\omega = \dfrac{v}{r}$ ですので、恒星Bの速さ V は、

$$V = R\omega = \dfrac{mr}{M} \cdot \dfrac{v}{r}$$
$$= \dfrac{mv}{M}$$

と求められます。

以上のようにBの速さを求めることができますが、AとBの重心について考えるとよりスムーズです。

解法2　重心の視点で考える

AとBが互いの万有引力だけで運動しているということは、AとBに対して外力がはたらいていないということです。

そして、AとBは円運動するだけで平行移動していくわけではありません。

よって、**AとBの重心は移動しない**ことがわかるのです。

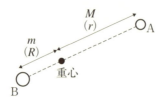

つまり、AとBは一定の位置に静止している重心を中心として、それぞれ等速円運動しているのです。

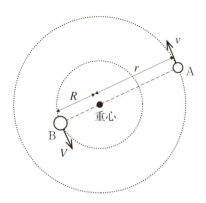

そして、Bの速さをVとすると、AとBの周期が等しいことから、

$$\frac{2\pi M}{v} = \frac{2\pi m}{V} \quad \left(\because \frac{2\pi r}{v} = \frac{2\pi R}{V}\right)$$

であることがわかります。これを解いて、

$$V = \frac{mv}{M}$$

と求められます。

第2部 物理の視座

入試問題に挑戦！

それでは、2問続けて大学入試問題に挑戦してみましょう。

入試問題 ❶

質量 m の小球 A、B が長さ l のひもの両端につながれている。図のように水平な天井に小球 A、B を l だけ離して固定した。小球 B を固定した点を O とし、重力加速度の大きさを g とする。小球 A、B の大きさ、ひもの質量、および空気抵抗は無視できるものとする。

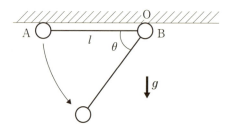

小球 A を静かに放して最下点 $\left(\theta = \frac{\pi}{2}\right)$ に達したときに、小球 B を静かに放した。この時刻を $t = 0$ とする。

(1) 小球 B を放してから、はじめて小球 A と小球 B の高さが等しくなる時刻を求めよ。
(2) 小球 B を放したあとの時刻 t における小球 A の水平位置を求めよ。ただし、点 O を原点とし、右向きを正とする。

(2015 年 東京大学 改題)

(1) A と B の重心は、重力加速度 g で落下運動をします。そのため、重心から A、B を見ると次のような慣性力がはたらいて見えます。

つまり、重心から見るとA、Bにはたらく重力は慣性力によって打ち消されることになり、ひもの張力だけがはたらいて見えるのです。

そして、A、Bはこの張力によって等速円運動して見えることになるのです。

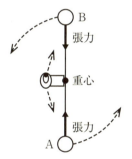

Bが静かに放された瞬間、各点の速度v、v'は次のようになっています。

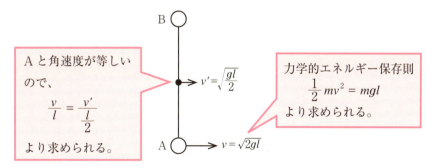

Aと角速度が等しいので、
$$\frac{v}{l} = \frac{v'}{\frac{l}{2}}$$
より求められる。

力学的エネルギー保存則
$$\frac{1}{2}mv^2 = mgl$$
より求められる。

したがって、重心からはA、Bが次のような速さで等速円運動して見えることがわかります。

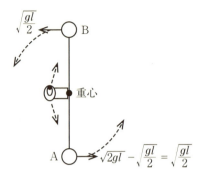

よって、AとBの高さが等しくなるまでにかかる時間は、円運動の周期をTとして、

$$T \times \frac{1}{4} = \frac{\pi l}{\sqrt{\frac{gl}{2}}} \times \frac{1}{4} = \frac{\pi}{2}\sqrt{\frac{l}{2g}}$$

と求められます。

(2) 時刻tにおける重心の水平位置は、

$$\sqrt{\frac{gl}{2}} \times t$$

そして、時刻tにおける重心から見たAの水平位置は、

$$\frac{l}{2}\sin\frac{2\pi t}{T} = \frac{l}{2}\sin\sqrt{\frac{2g}{l}}\,t$$

実際の水平位置はこれらの和として求められるので、

$$\sqrt{\frac{gl}{2}}\,t + \frac{l}{2}\sin\sqrt{\frac{2g}{l}}\,t$$

となることがわかります。

4章　視点を転換する

> **Column** 打ち上げ花火が球形を保つ理由

　2014年の東京理科大学（理工学部）の入試では、打ち上げ花火に関する問題が出題されました。考察するテーマは以下の2点（(1)と(2)）です。

　ここでも、「重心の視点で考える」方法が威力を発揮します。

> **入試問題 ❷**

　夏のある夜、A君は打ち上げ花火を眺めていた。夜空を彩る炎の軌跡を見ていると、物理の授業で学んだ放物運動が頭に浮かんだ。オーソドックスな花火において、それは空間の1点から射出される無数の放物運動の集まりであり、その光は球形を保ったまま広がって行く。

(1)　打ち上げ花火は、どうして球形を保ちながら落下できるのか説明せよ。

(2)　打ち上げ花火をできるだけ近くで見たいが、打ち上げ地点からどのくらいまでの距離であれば近づいても安全か？（風は吹いていないものとする。）

（2014年　東京理科大学　改題）

(1)　打ち上げ花火では、沢山の星が四方八方へと放たれます。ここでは、すべての星が同じ高さから同じ速さで打ち出されたと考えましょう。

　四方八方に打ち出された星は、次のような放物線を描きながら落下していきます。

放物線の例

　もちろん、重力の影響でこのような運動になるわけです。
　そして、星が描く放物線の形は、最初に打ち出される向きによって変わります。そのため、いろいろな形の放物線が重なって見えることになるのです。

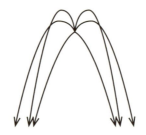

　このように考えると、花火の形はとても複雑そうです。
　ただし、**複雑だと感じているのは地上で見ている人**です。
　実は、地上から見ると複雑な花火の運動も、**花火の重心（すべての星の重心）**から見るととてもシンプルになります。

　1つひとつの星は、重力を受けて運動しています。
　ですので、花火の重心も重力を受けて落下していきます。

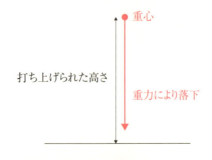

重心自身が重力によって落下しているため、重心の視点から星を見ると重力の影響が消えてしまうのです。これは、きちんと説明すれば「慣性力によって重力が打ち消されるから」ということになります。
　星の質量を m、重力加速度の大きさ g とすると、次のようになります。

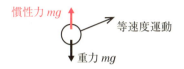

　つまり、重心から見ると星にはたらく力はつりあっているのです。
　そのため、重心からは星は打ち出された向きに等速度運動して見えるのです。
　それぞれの星がいろいろな向きに等速度運動するので、次のように重心の視点からは、全体として球形を描きながら広がっていくように見えます。

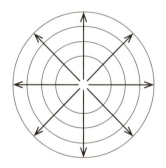

　これで、重心の視点から見ると花火が球形を保つことが理解できました。

　では、地上の観測者にどのように見えるのか、まとめたいと思います。
　地上の観測者からは、「重心の動き」と「重心から見た花火の動き」が同時に見えます。
　重心は自由落下（等加速度運動）しますので、一定の時間間隔で見ると次のようになります。

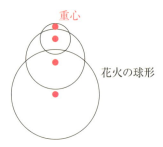

このように考えると、花火が球形を保ちながら落下していくことがスッキリ理解できると思います。

(2) では次に、打ち上げ花火をどこまで近づいて見ても安全か、ということを考えてみましょう。

地上の視点からは、各星は次のように運動して見えるのでした。

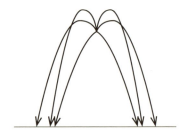

このように、星1つひとつは異なる軌道を描きながら運動していくので、落下地点もバラバラです。

安全に見るには、打ち上げ地点から最も遠くに落下する星の外側にいなければなりません。つまり、無数にある星の軌道の中から最も遠くへ落下する軌道を選び、その着地点を計算する必要があるのです。

このように考えると難しそうですが、実はこれも重心の視点から考えるとラクになります。

ただし、後で述べるようにこれは100%正確な計算ではありません。あくまでもおよその距離です。ただ、求められる距離と正確な距離との誤差はわずかなので（これも後で述べます）、実際には重心の視点での考察が

有効なのです。

　重心の視点からは、それぞれの星は次のように等速度運動しながら広がっていくのでした。

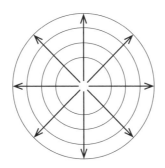

　そして、広がっていく途中で着地します。

　もちろん、球形全体が一斉に着地するわけではありません。上下で時間差があります。

　ただ、その時間差はそれほど大きいわけではないので、ここでは無視して考えます。つまり、近似的に球形全体が一斉に着地すると考えるのです（この近似が、先ほど述べた誤差の原因となります）。

　さて、一斉に着地する球形の中で打ち上げ地点から最も遠いのはどこでしょう？　もちろん、球の両端ですね。

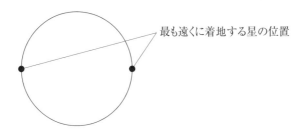

最も遠くに着地する星の位置

　さて、星は着地するまでの間に、どれだけ広がっているでしょうか？

　まず、星が着地するまでにかかる時間を求めます。星が着地するまでの時間は、重心が着地するまでの時間と等しいと考えます。

重心は高さ h から自由落下するとして、着地までの時間を t とすると、

$$\frac{1}{2}gt^2 = h$$

が成り立ち、これを解いて t が求められます。

$$t = \sqrt{\frac{2h}{g}}$$

そして、**重心から見ると星は時間 t の間ずっと等速度運動しながら広がっていくように見える**のでした。

ですので、星が放たれた瞬間の速度（初速度）を V とすると、着地するまでに星は次のように運動していることがわかるのです。

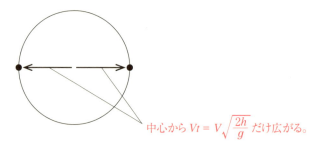

中心から $Vt = V\sqrt{\dfrac{2h}{g}}$ だけ広がる。

これが、星の打ち上げ地点から着地点までの最大値なので、これだけ離れれば安全に花火を見られることがわかります。

ちなみに、実際の打ち上げ花火では球形以外にもいろいろな魅力的な形が実現されています。例えば、球の周りに土星の環のようなものが広がっていくものがあります。

星が四方八方へ放たれる瞬間、土星の環になる星は水平方向にだけ飛び出します。そして、球形になる星より出発地点が少しだけ外側にあります。

すると、重心の視点から見ると次のように広がっていくことになります。

4章 視点を転換する

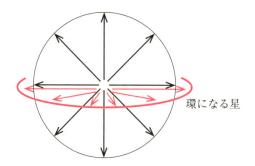

環になる星

　地上の観測者から見える「重心の動き」と「重心から見た花火の動き」の組合せは次のようになり、環を伴った土星のように見えるのです。

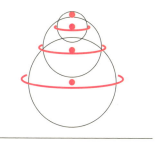

●最も遠い着地点を正確に求める考え方

　さて、星の最も遠い着地点は、「球形全体が一斉に着地する」と近似して求めました。

　しかし、実際にはずれがありますので 100% 正確ではありません。

　以下に、最も遠い着地点をより正確に求める方法を説明します。見てもらうと、面倒な計算が必要なことがわかると思います。また、正確な値と上で求めた近似的な値のずれはわずかであることもわかると思います。

　重心の視点から近似的に考える方法の良さを感じてもらえたら、という意味で正確な求め方を以下に紹介していきます。

第2部 物理の視座

角度 θ の向きに速さ V で発射された星の位置は、時刻 t とともに次のように変化していきます。

- 水平方向　$x = V\cos\theta \cdot t$
- 鉛直方向　$y = V\sin\theta \cdot t - \dfrac{1}{2}gt^2$

2式から時刻 t を消去すると、

$$y = V\sin\theta \times \frac{x}{V\cos\theta} - \frac{1}{2}g\left(\frac{x}{V\cos\theta}\right)^2$$
$$= \tan\theta \cdot x - \frac{g}{2V^2\cos^2\theta}x^2$$
$$= \tan\theta \cdot x - \frac{g}{2V^2}(1+\tan^2\theta)x^2$$

となります。この式を、$\tan\theta$ を変数とする方程式だと見ると、

$$\frac{g}{2V^2}x^2\tan^2\theta - x\tan\theta + \left(\frac{g}{2V^2}x^2 + y\right) = 0$$

と変形できます。そして、この方程式が解を持つためには、

$$\text{判別式} = (-x)^2 - \frac{g^2}{V^4}x^2\left(x^2 + \frac{2V^2}{g}y\right) \geqq 0$$

である必要があります。

着地する瞬間には $y = -h$ ですので、これを代入して x について解くと、

$$x \leqq \sqrt{\frac{2ghV^2+V^4}{g^2}}$$

と求められます。これが、最も遠い着地点の正確な値です。

ただし、h に比べて V が十分小さい場合（十分な高さ h で星が打ち出されれば、この条件はほぼ満たされます）、$\sqrt{}$ の中の V^4 は無視できるため、

$$x \leqq \sqrt{\frac{2ghV^2+V^4}{g^2}} \fallingdotseq \sqrt{\frac{2ghV^2}{g^2}} = V\sqrt{\frac{2h}{g}}$$

となります。

つまり、先ほど求めた値は100%正確ではないけれども、ほぼ実際の値を示していたことがわかるのです。

4-5 特殊な座標軸
斜めの座標軸や曲がった座標軸で考える

　斜面上での物体の運動を考える問題では、**斜面を水平面（座標軸）と考える**とラクに解ける場合があります。

　座標軸は必ずしも水平または鉛直にとる必要はないのです。

　そして、斜面を水平面（座標軸）と考えるときには、**速度 v と重力加速度 g を斜面に水平な方向と垂直な方向とに分解する必要がある**ことに注意が必要です。

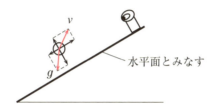

　以上のような視点で考えると、斜面上での物体の運動をラクに考えられることがあります。

　例題で確認して、練習してみましょう。

> **例題**
>
> 　図のように発射された物体が、水平面から30°傾いている斜面に衝突した。発射されてから衝突するまでの時間を求めよ。重力加速度の大きさを g とする。
>
>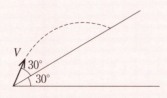

普通は、次の解法1のように解く場合が多いと思います。

解法1　水平および鉛直に座標軸をとる

発射された物体の、時刻 t での移動距離は次のように表せます。

- 水平方向への移動距離　$X = \dfrac{V}{2} t$

- 鉛直方向への移動距離　$Y = \dfrac{\sqrt{3}V}{2} t - \dfrac{1}{2} g t^2$

そして、斜面が水平面から30°傾いているので、

$$Y = \dfrac{1}{\sqrt{3}} X$$

となるとき、すなわち、

$$\dfrac{\sqrt{3}V}{2} t - \dfrac{1}{2} g t^2 = \dfrac{1}{\sqrt{3}} \cdot \dfrac{V}{2} t$$

となるときに斜面に衝突します。

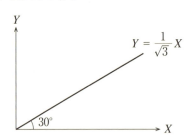

これを解いて、衝突するまでの時間 t は、

$$t = \dfrac{2\sqrt{3}V}{3g}$$

と求められます。

では次に、斜面を水平面と考えて次のように座標軸を取り、この問題を解いてみましょう。

解法1よりスッキリ解けるのがわかると思います。

解法2　斜面を水平面と考える

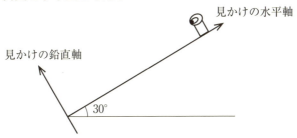

物体の初速度と重力加速度は、座標軸に沿って次のように分解できます。

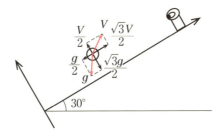

この視点から見える見かけの鉛直軸に沿った物体の運動を考えると、見かけの鉛直方向の速さ v が、

$$v = \frac{V}{2} - \frac{\sqrt{3}g}{2}t = -\frac{V}{2}$$

となる時刻 $t = \dfrac{2\sqrt{3}V}{3g}$ に斜面に衝突することを理解できます。

練習問題 ❶

図のように原点 O から発射された物体が、水平面から 45° 傾いている斜面に垂直に衝突した。物体の初速度の x 成分と y 成分との比を求めよ。

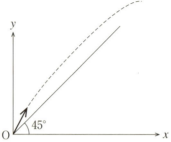

解法

やはり、次のように座標軸をとって考えてみます。

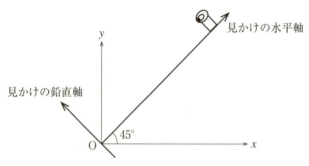

物体の初速度の x 成分を v_x、y 成分を v_y とすると、次のように分解できます。

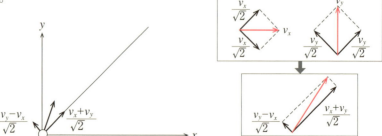

また、物体に生じる重力加速度 g も次のように分解できます。

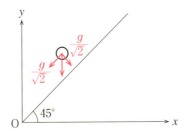

まず、この視点から見える鉛直軸に沿った物体の運動を考えると、速度の見かけの鉛直成分 v が、

$$v = \frac{v_y - v_x}{\sqrt{2}} - \frac{g}{\sqrt{2}} t = -\frac{v_y - v_x}{\sqrt{2}}$$

となる時刻 $t = \dfrac{2(v_y - v_x)}{g}$ に斜面に衝突することがわかります。

斜面に垂直に衝突するためには、この時刻に速度の見かけの水平成分 v' が 0 となればよいので、

$$v' = \frac{v_x + v_y}{\sqrt{2}} - \frac{g}{\sqrt{2}} \cdot \frac{2(v_y - v_x)}{g} = 0$$

が成り立てばよいのです。これを解くと、

$$v_x : v_y = 1 : 3$$

が求める条件であることがわかります。

入試問題に挑戦！

それでは、大学入試問題に挑戦してみましょう。

入試問題 ❶

図1（a）のように、水平な台の上に半径 r の円筒が固定されている。図1（b）は円筒を上から見た図である。点 P、Q、R、S は円周上の点であり、直線 PR、QS は円の中心点 O で直交している。点 S には、直線 OS に沿って平らな反射板が台と垂直に立てられている。図1（b）のように、質量 m の物体 A が、反射板右面と円筒内側に接して点 S に置かれている。重力は鉛直下向きに作用し、重力加速度の大きさを g とする。台と物体 A、および、円筒と物体 A との間の摩擦は無視できる。また、円筒と反射板の厚さ、および、物体 A の大きさは無視できる。

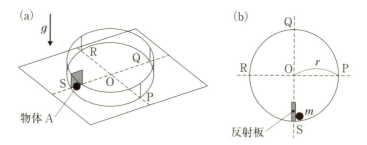

図1

ここで、図2（a）のように、直線 PR と水平面との平行を保ちながら台を水平面から角度 $\varphi\left(0<\varphi<\dfrac{\pi}{2}\right)$ だけ傾ける。図2（b）は円筒を上から見た図である。反射板右面と円筒内側に接して点 S に置かれた物体 A に、円の接線方向に大きさ v_0 の初速度を右向きに与えた。図2（b）には、物体 A が点 S を出発して円運動をしながら∠SOZ = θ となる点 Z をはじめて通過するときの様子が図示されている。なお、点 Z における円運動の角速度を ω とする。ただし、S → P → Q → R

の向きをωの正の向きとし、点Oを原点として、OP方向にx軸、OQ方向にy軸をとる。

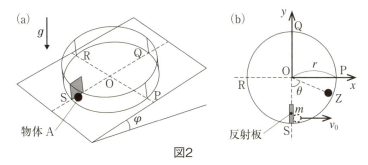

図2

(1) 物体Aがはじめて点Zを通過するときの角速度ωを、g、r、v_0、θ、φを用いて表せ。

(2) 物体Aが点Zをはじめて通過するときに、円筒から受ける垂直抗力の大きさN'を、g、m、r、v_0、θ、φを用いて表せ。

(2015年 名古屋大学 改題)

(1) この問題では、**斜面を鉛直面だと考えてみます。**

すると、物体に生じる加速度は次のようになると考えられます。

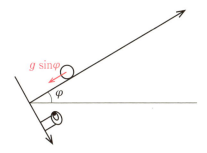

つまり、物体の運動は重力加速度が$g\sin\varphi$の空間での鉛直な円運動と考えられるのです。

よって、力学的エネルギー保存則は、

$$\frac{1}{2}mv_0^2 = \frac{1}{2}m(r\omega)^2 + m \cdot g\sin\varphi \cdot r(1-\cos\theta)$$

と書くことができ、これを解いて、

$$\omega = \frac{1}{r}\sqrt{v_0^2 - 2gr\sin\varphi(1-\cos\theta)}$$

と求められます。

(2) 同じように考えると、点Zを通過する瞬間の運動方程式は、

$$m\frac{(r\omega)^2}{r} = N' - m \cdot g\sin\varphi \cdot \cos\theta$$

と書けるので、前問 (1) で求めた ω を代入してこれを解くと、

$$N' = m\left\{\frac{v_0^2}{r} - g\sin\varphi(2 - 3\cos\theta)\right\}$$

と求められます。

●曲がった座標軸を活用する

例えば、滑車を介して糸でつながれた2つの物体が次のように運動するとき、下のように座標軸をとると考えやすくなることがあります。

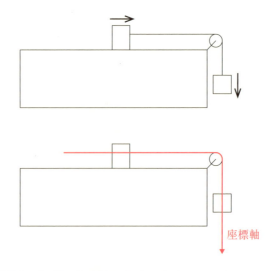

つまり、**座標軸は必ずしも直線でなくてもよい**ということです。
この章の最後に、このような視点から解く練習をしてみましょう。

4章 視点を転換する

例題

　図のように、粗くて水平な机の上に質量 M の物体 A を置き、これに軽い糸をつけ、なめらかに回転する滑車にかけて、他端に質量 m の物体 B をつるした。A から静かに手を放すと、A、B は同時に動き出した。A と机の間の動摩擦係数を μ'、重力加速度の大きさを g として、A と B に生じる加速度の大きさを求めよ。

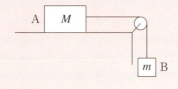

この問題は、普通は次のように解くでしょう。

解法1　A、Bそれぞれの運動方程式を書く

　A、B にはそれぞれ次のような力がはたらきます。a は A、B の加速度、T は糸の張力、$\mu'Mg$ は動摩擦力、mg は重力です。

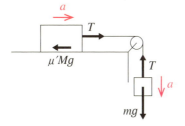

よって、それぞれの運動方程式は次のようになります。

- 物体 A の運動方程式　　$Ma = T - \mu'Mg$
- 物体 B の運動方程式　　$ma = mg - T$

2式から T を消去すると、

$$a = \frac{m - \mu'M}{M + m}g$$

と求められます。

これを、座標軸のとり方を変えることで次のようにより簡潔に解くことができます。

解法2　曲がった座標軸を考える

座標軸を次のようにとります。

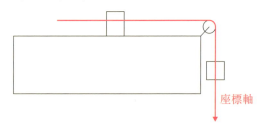

そして、A、Bおよび糸を1つの物体と考え、この**座標軸に沿った外力だけを求めて**みます。

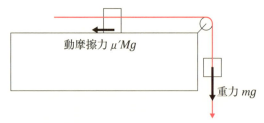

この物体について運動方程式を書くと、

$(M + m)a = mg - \mu'Mg$

これを解いて、AとBに生じる加速度の大きさ a は、

$$a = \frac{m - \mu'M}{M + m}g$$

と求められます。

入試問題 ❷

　図のように、質量の等しい物体 A、B、C を軽いひもでつないで、なめらかな滑車にかけた。物体 A の下部のひもを放して物体を運動させた。物体 A の加速度の大きさとして正しいものを、下の①〜⑦のうちから一つ選べ。重力加速度の大きさを g とする。

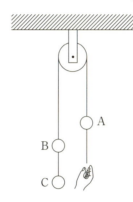

① $\dfrac{1}{3}g$ 　　② $\dfrac{1}{2}g$ 　　③ $\dfrac{2}{3}g$ 　　④ g

⑤ $\dfrac{4}{3}g$ 　　⑥ $\dfrac{3}{2}g$ 　　⑦ $3g$

（2018年　センター試験　改題）

この問題は、次のような座標軸を考えるとラクに解けます。

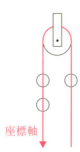

座標軸

A、B、Cおよびひもを合わせて1つの物体とみなし、座標軸に沿った方向の外力だけを書き出すと、次のようになります。aは物体の加速度です。

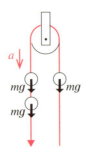

すると、運動方程式は、

　$3ma = 2mg - mg$

と書けるので、これを解いて $a = \dfrac{g}{3}$ と求められます。

　曲がった座標軸を考えるとき、ひもの張力を考える必要はありません。曲がった座標軸を考えることで、**複数の物体を合わせて1つの物体とみなす**ことができ、それが受ける**外力だけを考えればよくなる**からです。

入試問題 ③

図1のような、3辺の長さが L、L、$3L$ で質量が M の直方体の積木を考える。積木の密度は一様であるとし、重力加速度の大きさを g で表す。

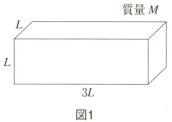

図1

図2のように、2個の積木（積木1、積木2）がそれぞれ水平な台と斜面に置かれており、滑車を通してひもでつながれている。斜面の傾き角を θ とする。積木1の長辺と平行に x 軸をとる。最初、積木1の右端の位置が $x = 0$ であった。$x < 0$ では床面はなめらかで摩擦はないが、$x \geq 0$ では床面と積木1との間に摩擦があり、その動摩擦係数は一様で μ' である。斜面や滑車はなめらかで摩擦は無視できる。ひもがたるんでいない状態から積木1を静かに放したところ、積木1は初速度0で動き始め、右端が x_0 ($x_0 \leq 3L$) のところまで進んで静止した。ただし、図3のように、積木1の右端が x だけ動いた状態での動摩擦力の大きさ f は、$f = \dfrac{x}{3L} \mu' Mg$ で与えられるものとする。斜面は紙面に垂直である。また、2つの積木の長辺は紙面と平行であり、ひもは滑車の左右でそれぞれ積木の長辺と平行である。

(1) 積木1が動いているときの加速度を a とすると、a は積木1の右端の位置 x を用いて $a = \boxed{\text{A}} (x - \boxed{\text{B}})$ と表される。$\boxed{\text{A}}$、$\boxed{\text{B}}$ に入る式を求めよ。ただし加速度は x 軸の正の向きを正とする。

(2) 積木が動き始めてから静止するまでの時間を求めよ。

(3) 積木1の右端がちょうど $x_0 = 3L$ になったときに静止したとする。このとき動摩擦係数 μ' を θ を用いて表せ。

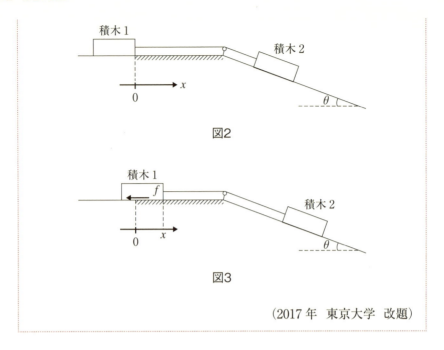

図2

図3

(2017年 東京大学 改題)

(1) この問題は、次のような座標軸を考えるとラクに解けます。

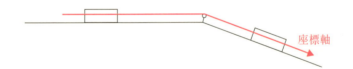

ここでは、「積木1＋積木2＋ひも」を1つの物体と考えます。

この物体は上の座標軸に沿って動くので、座標軸に沿った方向の外力だけを書き出せば運動方程式を書くことができます。

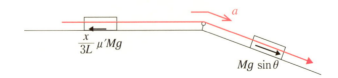

運動方程式は、

$$2Ma = Mg \sin\theta - \frac{x}{3L} \mu' Mg$$

と書け、これを解いて、

$$a = - \frac{\mu' g}{6L} \left(x - \frac{3L \sin\theta}{\mu'} \right)$$

と求められます。

(2)　前問 (1) で求めた加速度 a は、単振動する物体の加速度を表す形になっています。よって、「積木 1 ＋積木 2 ＋ひも」は単振動のように運動することがわかるのです。

その周期 T は、

$$T = 2\pi \sqrt{\frac{2M}{\frac{\mu' g}{6L} \times 2M}} = 2\pi \sqrt{\frac{6L}{\mu' g}}$$

物体にはたらく復元力は、
$$2Ma = - \frac{\mu' g}{6L} \times 2M \left(x - \frac{3L \sin\theta}{\mu'} \right)$$
となる。

最初に静止した状態から次に静止した状態になるまでの時間は「周期の半分」なので、求める時間は、

$$\frac{1}{2} T = \pi \sqrt{\frac{6L}{\mu' g}}$$

となります。

第2部　物理の視座

(3)　振幅の2倍がちょうど$3L$であれば、問題の条件を満たします。

振動の中心は$\dfrac{3L\sin\theta}{\mu'}$であり、スタート位置が0であることから、振幅は$\dfrac{3L\sin\theta}{\mu'}$であることがわかります。

よって、求める条件は次のようになります。

$$\frac{3L\sin\theta}{\mu'}\times 2 = 3L$$

$$\therefore \mu' = 2\sin\theta$$

5-1 衝突の規則性
5-2 振動の規則性
5-3 磁場中の荷電粒子の運動の規則性
5-4 コンデンサーの電荷の変化の規則性

規則性を発見する

　物理の問題では、「同じ操作を繰り返す」「同じ現象を繰り返す」ことでどのように状況が変わっていくかを考えさせることが多々あります。これは、頻出のパターンです。
　変化の繰り返しを考える問題を解くには、分野とは無関係のコツがあります。それは、

- 変化の規則性を見つける。
- 一定値に収束するものを見つける。
- 数学的帰納法を使う。

といった形にまとめることができます。
　この章では、これらのコツを使いながら変化を繰り返す問題を解く練習をしたいと思います。

5-1 衝突の規則性

運動量の和を考える

まずは次の例題で、「変化の規則性を見つける」コツを確認してみましょう。

例題

なめらかな水平面上で、質量 m の球と質量 M の球が図に示すような速度 v、V で衝突した。衝突の反発係数は e である。その後、それぞれの球はエネルギーを損失せずにばねではね返され、再び反発係数 e で衝突した。2つの球が n 回目の衝突をした直後のそれぞれの速度を求めよ。

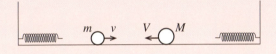

解法

この問題では、衝突が繰り返される現象を考えます。

衝突が起こるときには「2つの球の運動量の和が保存される」のでした。

ただし、今回の問題では衝突から次の衝突の間に、ばねではね返されます。すると、2つの球の速度はそれぞれ逆向きになります。そのため、運動量の和の正負が逆転することに注意が必要です。

結局、2つの球の運動量の和は次のように変化していくことがわかるのです（右向きを正とした値で示します）。

1回目の衝突直後　$mv - MV$
2回目の衝突直後　$-(mv - MV)$
3回目の衝突直後　$mv - MV$

第2部　物理の視座

4回目の衝突直後　　$-(mv - MV)$

以上のような規則性を持ちながら、衝突を繰り返すことがわかりました。

　もう1つ、規則性があります。それは、反発係数 e で衝突することから求められます。

　反発係数 e で衝突すると、そのたびに相対速度が e 倍になります。そのため、質量 m の球から見た質量 M の球の速度（相対速度）は次のように変化していくことがわかるのです。

1回目の衝突直後　$e(v + V)$

2回目の衝突直後　$e^2(v + V)$

3回目の衝突直後　$e^3(v + V)$

4回目の衝突直後　$e^4(v + V)$

これが、もう1つの規則性です。

　n 回目の衝突直後の両球の速度を v_n、V_n とすると、以上のことは次のように式で表すことができます。

運動量の和　$mv_n + MV_n = \begin{cases} mv - MV & : n \text{ が奇数の場合} \\ -(mv - MV) & : n \text{ が偶数の場合} \end{cases}$

相対速度　$V_n - v_n = e^n(v + V)$

これらを解くと、v_n、V_n は次のように求められます。

・**n が奇数の場合**

$$v_n = \frac{mv - M\{e^n v + (1 + e^n)V\}}{M + m} \qquad V_n = \frac{mv - MV + me^n(V + v)}{M + m}$$

- n が偶数の場合

$$v_n = \frac{-mv - M\{e^n v - (1 - e^n)V\}}{M + m} \qquad V_n = \frac{-mv + MV + me^n(V + v)}{M + m}$$

練習問題 ①

なめらかな水平面上で、図のように質量 m の球と質量 $3m$ の球が同じ速さ v で弾性衝突した。その後、それぞれの球はエネルギーを損失せずにばねではね返され、再び弾性衝突した。2 つの球が 2020 回目の衝突をした直後のそれぞれの速度を求めよ。

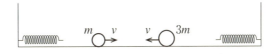

解法

例題と似たような問題です。

同じように、「2 つの球の運動量の和」と「相対速度」に着目して変化の規則性を見つけてみましょう。

2 つの球の運動量の和は、衝突のたびに次のように変化します（右向きを正とした値で示します）。

1 回目の衝突直後　$-2mv$

2 回目の衝突直後　$2mv$

3 回目の衝突直後　$-2mv$

4 回目の衝突直後　$2mv$

　　　　　　　　⋮

また、今回は2つの球が弾性衝突するので、質量 m の球から見た質量 $3m$ の球の速度（相対速度）は何回目の衝突直後であっても、$2v$ で一定となります。

運動量の和　$mv_n + 3mV_n = \begin{cases} -2mv & : n\text{ が奇数の場合} \\ 2mv & : n\text{ が偶数の場合} \end{cases}$

相対速度　$V_n - v_n = 2v$

そして、これらを解くと、v_n、V_n は次のように求められます。

- **n が奇数の場合**

    $v_n = -2v \qquad V_n = 0$

- **n が偶数の場合**

    $v_n = -v \qquad V_n = v$

今回は n が偶数の場合ですので、2020回目の衝突直後の様子は次ようになります。

別解

この問題は、最初の数回の衝突の様子を確認することで、規則性を見いだして解くこともできます。

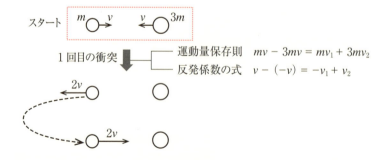

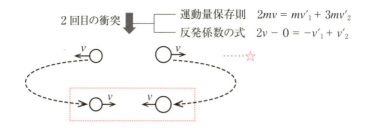

このように、「2回の衝突 + 2回のばねでのはね返り」によって、2つの球はスタートの状態に戻ることがわかります。

2020回目の衝突後は、上図の☆のタイミングに相当します。そのことから、その様子は次のようになることがわかります。

> 入試問題に挑戦！

それでは、大学入試問題に挑戦してみましょう。

> 入試問題 ①

図1のように伸び縮みしない軽い糸におもりとして小さな玉をつけた振り子を2つ用意し、2つのおもりがそれぞれの最下点において同じ高さで左右に接触するように配置する。左側を振り子1、右側を振り子2とする。振り子1、振り子2のおもりをそれぞれおもり1、おもり2とし、重力加速度をgとする。

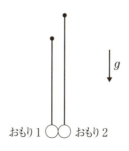

図1

253

2つのおもりは図の紙面内でのみ運動する。2つの振り子はおもりが衝突する以外、互いに干渉しない。振り子の振れは十分小さく、振り子の等時性が成り立つとする。空気抵抗は無視する。

[A] (a)〜(d) （省略）

[B] 次に、振り子1の糸の長さは[A]と同じLのままに保ち、振り子2はその周期が振り子1の2倍になるように糸を長さ$4L$のものに取り替えた（図3(i)）。さらに、2つのおもりを互いに弾性衝突（$e = 1$）するものに取り替えた。おもり1とおもり2の質量をM_1、M_2とおく。おもり2が最下点で静止している状態で、おもり1だけを糸がたるまないように左側に動かして最下点からある高さまで持ち上げ（図3(ii)）、時刻$t = 0$に静かに放した。2つのおもりはその後、最下点のみで何回か衝突し、$t = 10t_0$において初めて元の状態（$t = 0$に運動を開始した時の状態）に戻った。ただしt_0は(a)で求めた時間である*。

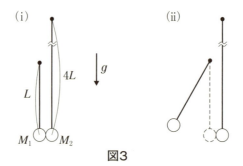

図3

(e) 時刻$t = 0$におもり1を放してから、$t = 10t_0$において2つのおもりが元の状態に戻るまでの間に、2つのおもりが衝突した時刻を全て挙げよ。解答にはt_0を用いてよい。

(f) おもりの質量の比$\dfrac{M_1}{M_2}$を求めよ。

(2011年 東京工業大学)

＊ここで、t_0は振り子1の$\dfrac{1}{4}$周期に等しく、$t_0 = \dfrac{\pi}{2}\sqrt{\dfrac{L}{g}}$である。

(e) 2つの振り子の衝突の様子を考えてみると、次のように衝突を繰り返すことがわかります。

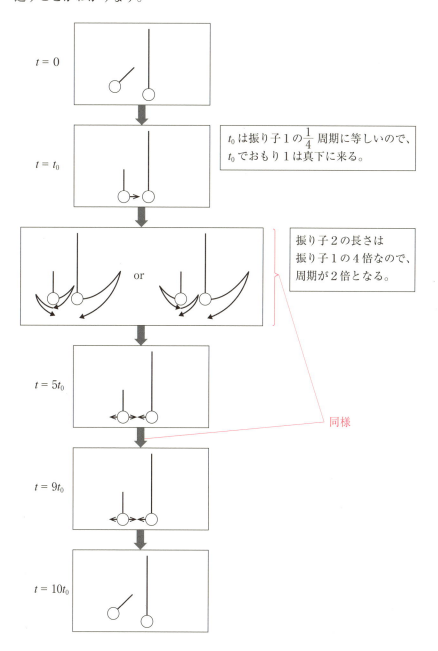

以上のことから、2つの球が衝突する時刻は $t = t_0$、$5t_0$、$9t_0$ であることがわかります。

(f) ところで、$t = t_0$ の衝突の直後の状態は、次の2つのパターンが考えられました。

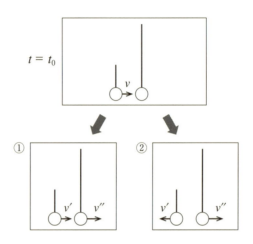

それぞれのパターンについて、その後の様子を考えてみましょう。

・パターン①の場合

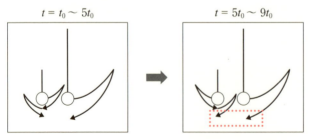

これは $t = t_0$ の衝突直後と逆向きの状態。
つまり、$t = 9t_0$ の衝突は $t = t_0$ の衝突の巻き戻しに相当する（実現可能）。

5章 規則性を発見する

- パターン①の場合（別バージョン）

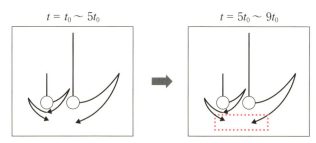

これは $t = t_0$ の衝突直後と逆向きの状態ではない。
つまり、$t = 9t_0$ の衝突後に $t = t_0$ の衝突直前の
逆向きの状態にはならない（実現不可能）。

- パターン②の場合

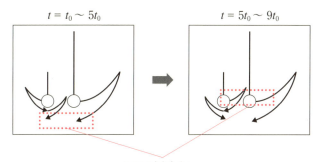

これはありえない。

- パターン②の場合（別バージョン）

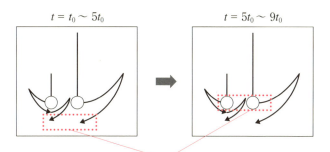

これだと、相対速度の大きさを一定に保つには2つの球の速さが変わる必要があるが、
$t = 9t_0$ の衝突後に $t = t_0$ の衝突直前の逆向きになることから、
2つの球の速さは一定のはず（実現不可能）。

以上のことから、最初のパターンしか実現しないことがわかります。
そこで、このパターンについて計算してみます。

$t = t_0$ の衝突を式にすると、
- 運動量保存則　$M_1 v = M_1 v' + M_2 v''$
- 反発係数の式　$1 = \dfrac{v'' - v'}{v}$

$t = 5t_0$ の衝突を式にすると、
- 運動量保存則　$M_1 v' - M_2 v'' = -M_1 v' + M_2 v''$

これらを整理すると、$\dfrac{M_1}{M_2} = 3$ と求められます。

以下は、前章 4–1 の入試問題 1（p.183）の続きです。
「相対運動を考える」という解法に、「規則性を見つける」という解法を組み合わせることで、複雑な状況をスッキリ理解できるようになることを実感してもらえればと思います。

入試問題 ❷

(4)　p.183 の入試問題 1 の (2) の状況で、物体と壁が衝突を繰り返す。このとき、n 回目の衝突直後の台の速さを求めよ。

(5)　p.183 の入試問題 1 の (3) の状況で、n 回目の衝突後から次の衝突までの間に、物体が壁から最も離れる距離を求めよ。

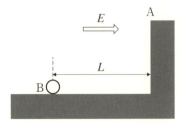

（1990 年　東京大学　改題）

(4) 電場 E がかけられた状況では、物体が何回衝突を繰り返しても、台からは物体が「加速度 $\frac{qE}{m}$ の等加速度直線運動」をして見えるのでした。

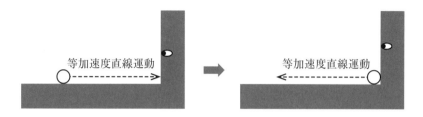

このとき、衝突直前の台から見た物体の速さを V とすると、

$$V^2 - 0^2 = 2 \cdot \frac{qE}{m} \cdot L$$

という関係が成り立ちますので、これを解いて、

$$V = \sqrt{\frac{2qEL}{m}}$$

と求められます。物体と壁は弾性衝突するので、衝突直後の台から見た物体の速さも同じ V となるのでした。

そして、再び壁に衝突するまでの間、台からは物体が「等加速度直線運動」して見えるわけですから、次の衝突直前の台から見た物体の速さも、やはり V となります。

このようなことが繰り返されるので、衝突が何回起こっても、衝突直前および衝突直後の台から見た物体の速さは変わらずに V のままなのです。その様子は次のように表すことができます。

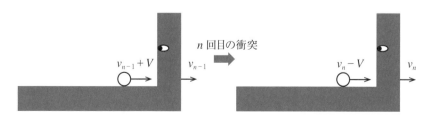

第2部　物理の視座

この状況について運動量保存則を使うと、

$$m\,(\,v_{n-1} + V\,) + Mv_{n-1} = m\,(\,v_n - V\,) + Mv_n$$

と書けます。これを整理すると、

$$v_n - v_{n-1} = \frac{2mV}{M+m}$$

と求められます。これは、v_n が等差数列であることを示しています。

よって、

$$v_n = v_0 + \frac{2mV}{M+m} \times n = \frac{2m}{M+m}\sqrt{\frac{2qEL}{m}}\,n$$

と求められます。

(5)　床と物体の間に摩擦力がはたらくとき、

$$台から見た物体の加速度 = \frac{qE}{m} + \frac{\mu(M+m)g}{M}$$

となるのでした。

これも、何回衝突が起こってもずっと変わりません。

そして、この場合もやはり台からは物体が「等加速度直線運動」して見えるわけですから、衝突直前および衝突直後の台から見た物体の速さはずっと変わらないわけです。

最初の衝突直前の台から見た物体の速さ V は、前問 (1) の場合と同じです。そして、その後ずっと衝突直前および衝突直後の台から見た物体の速さはこの値となるわけです。

このことから、台から見ると物体は同じ等加速度直線運動を繰り返すことになり、最も離れる距離を L' とすると、

$$V^2 - 0^2 = 2 \cdot \left\{ \frac{qE}{m} + \frac{\mu(M+m)g}{M} \right\} \cdot L'$$

という関係が成り立ちます。これを解いて、

$$L' = \frac{V^2}{2\left\{ \dfrac{qE}{m} + \dfrac{\mu(M+m)g}{M} \right\}} = \frac{MqE}{MqE + \mu(M+m)mg} L$$

と求められます。

$$L = \frac{V^2}{2 \cdot \dfrac{qE}{m}}$$

5-2 振動の規則性

未来の波形を考える

> **例題**
>
> 時刻 $t = 0$ における波形が図のように表される正弦波がある。この正弦波の周期は 2.0 秒である。$t = 2021$ [s]、$0 \leq x \leq L$ における波形を描け。

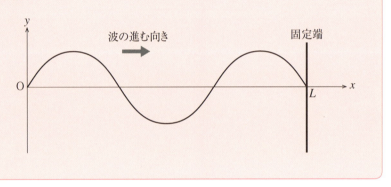

力学分野の問題に続いて、波動分野における変化の繰り返しについて考えてみます。

そもそも波動とは「**振動の繰り返し**」が起こる現象のことですので、変化の繰り返しを考える問題も多数出題されます。

解法

今回は、周期 2.0 秒の波について考えます。

「1 回振動するのにかかる時間」が周期ですので、2.0 秒経過すると波形がリセットされることになります。よって、2.0 × 1010 = 2020 秒後も、最初と同じ波形となることがわかるのです。

つまり、この問題では 1.0 秒間の波形の変化だけを考えればよいのです。

$$1.0\,\mathrm{s} = 周期\,2.0\,\mathrm{s} \times \frac{1}{2}$$

ですから、$t = 1.0\,\mathrm{s}$ で波は $\frac{1}{2}$ 回だけ振動し、波形は次のようになります。

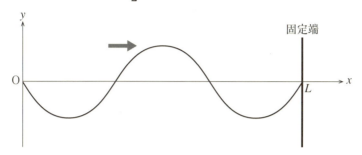

このとき、固定端反射した反射波は位相が π だけずれるので、次のようになっています。

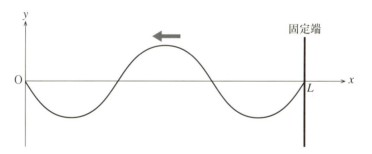

したがって、2つの重ね合わせは次のようになります。

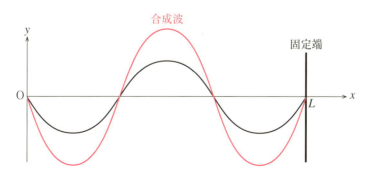

5-3 磁場中の荷電粒子の運動の規則性
ローレンツ力による円運動を考える

　荷電粒子が磁場からローレンツ力を受けて円運動する状況は頻出ですが、この場合も運動の変化が繰り返されることがよくあります。

　次の例題（今回はいきなり入試問題です）で確認してみましょう。

例題

　質量 m、電荷 q（$q>0$）の荷電粒子を図のように原点 O から y 軸方向に速さ v_0 で領域 I（$y \geqq 0$）へ飛び出させた。領域 I と領域 III（$y \leqq -d$）では紙面に垂直に裏から表に向かって磁束密度 B の一様な磁場がかかり、その間の領域 II（$-d<y<0$）では進入してきた荷電粒子が領域 II の両端（$y=0$ と $y=-d$）間の電位差 V により発生した強さ E の電場によって y 軸と平行方向に常に加速されるように工夫されている。ただし、領域 I と領域 III には電場はかかっておらず、領域 II には磁場はかかっていない。また、重力は考えないものとする。この荷電粒子の xy 面内での運動について以下の問いに答えよ。

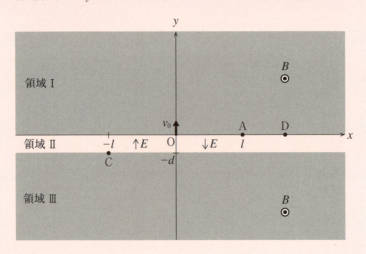

(1) 原点 O から飛び出した荷電粒子が領域 I 内で受けるローレンツ力の大きさを答えよ。

(2) 原点 O から飛び出した荷電粒子は領域 I 内を通って点 A（$x = l$、$y = 0$）へ到達した。点 A に到達したときの荷電粒子の速さとその向きを答えよ。また、領域 I 内での荷電粒子の運動の軌跡の概形を描け。

(3) 点 A から領域 II へ進入した荷電粒子は領域 II の両端間の電位差 V により発生した強さ E の電場によって加速されて領域 III へ進入した。領域 II から領域 III へ入ったときの荷電粒子の速さ v_1 を v_0、m、q、V のうち必要なものを用いて表せ。

(4) さらに、領域 III へ進入した荷電粒子は領域 III 内を通って点 C（$x = -l$、$y = -d$）へ到達した。このことから、v_1 と v_0 には $v_1 = 2v_0$ の関係があることを示せ。また、領域 II の両端間の電位差 V の大きさを v_0、m、q を用いて表せ。

(5) 点 C から再度領域 II へ進入した荷電粒子は前問 (3) の場合と逆の電位差 V により発生する強さ E の電場によってさらに加速されて領域 I へ入り、その後、領域 I 内を通って点 D に到達した。点 D の x 座標を l を用いて表せ。

(6) 時刻 $t = 0$ に原点 O から飛び出した荷電粒子が前問 (2)〜(5) までの一連の過程を経て点 D まで到達した。この過程における荷電粒子の運動エネルギーの時間変化を横軸に時間 t、縦軸に運動エネルギーをとって図に示せ。ただし、荷電粒子が領域 II を通過する時間は領域 I または領域 III を通過する時間に比べて十分に小さいとして無視せよ。

(7) この荷電粒子が v_0 の 100 倍以上の速さに加速されるためには領域 II を少なくとも何回通過する必要があるか答えよ。

（2011 年 筑波大学 改題）

解法

(1) ローレンツ力の定義から qv_0B です。

(2) 前問 (1) で求めたローレンツ力はつねに荷電粒子の速度に垂直な方向にはたらくため、仕事をしません。よって荷電粒子の速さは一定なので、点 A でも速さは v_0 です。

また、このときの荷電粒子の運動は等速円運動となります。よって荷電粒子は次のような軌跡を描き、点 A での速度の向きは y 軸負方向となります。

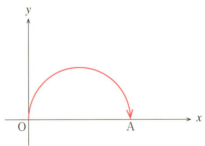

(3) 荷電粒子が領域 II を通過するときの様子は、次のように表せます。

エネルギー保存則 $\dfrac{1}{2}mv^2 + qV = \dfrac{1}{2}mv'^2$ より、荷電粒子の運動エネルギーは領域 II を通過するたびに qV 増加することがわかります。

今回の問題は、この規則性にさえ気づけば難しくありません。

領域 II を 1 回通過した後の運動エネルギーは、

$$\frac{1}{2}mv_1^2 = \frac{1}{2}mv_0^2 + qV$$

となるので、これを解いて、

$$v_1 = \sqrt{v_0^2 + \frac{2qV}{m}}$$

と求められます。

(4) 領域Ⅲ内で、荷電粒子はやはり等速円運動をするので次のような軌跡を描きます。つまり、円軌道の半径は2倍になったのです。

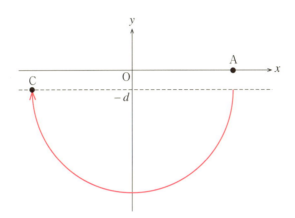

荷電粒子の磁場の中での等速円運動について、運動方程式は、円軌道の半径を r、荷電粒子の速さを v として、

$$m\frac{v^2}{r} = qvB$$

と書けます。ここから、

$$r = \frac{mv}{qB}$$

と求められ、半径 r は速さ v に比例することがわかります。

よって、円軌道の半径が2倍になったことから、荷電粒子の速さも2倍になったことがわかるのです。

電位差 V は、前問 (3) の結果に $v_1 = 2v_0$ を代入すると次のように求められます。

$$2v_0 = \sqrt{v_0^2 + \frac{2qV}{m}}$$

$$\therefore V = \frac{3mv_0^2}{2q}$$

(5) 再度領域Ⅱを通過して、荷電粒子の運動エネルギーはさらに qV 増加します。

領域Ⅱを通過後の速さを v_2 とすると、

$$\begin{aligned}\frac{1}{2}mv_2^2 &= \frac{1}{2}mv_1^2 + qV \\ &= \frac{1}{2}mv_0^2 + qV + qV \\ &= \frac{1}{2}mv_0^2 + 2q\cdot\frac{3mv_0^2}{2q} \\ &= \frac{7}{2}mv_0^2\end{aligned}$$

となります。よって、$v_2 = \sqrt{7}v_0$ となって、円軌道の直径が $\sqrt{7}l$ となることがわかります。

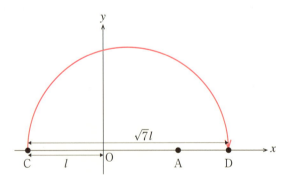

よって、点Dの x 座標は次のように求められます。

$$\sqrt{7}l - l = (\sqrt{7} - 1)l$$

(6) 荷電粒子の運動エネルギーは、領域Ⅱを通過するたびに $qV = \frac{3}{2}mv_0^2$ だけ増加します。また、荷電粒子の円運動の周期 T は、

$$T = \frac{2\pi r}{v} = \frac{2\pi m}{qB}$$

であり、荷電粒子の速さ v によらず一定です。

よって、求めるグラフは次のようになります。

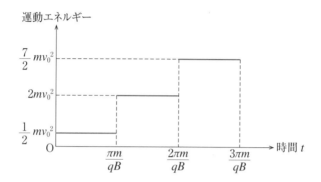

前問(5)までの考察を通して、このような**規則性に気づく**ことがポイントです。

(7) 荷電粒子の速さが v_0 の100倍になったとすると、運動エネルギーは、

$$\frac{1}{2}m \cdot (100v_0)^2 = \frac{10000}{2}mv_0^2$$

となります。

荷電粒子の運動エネルギーは次のように変化していきます。

$$\frac{1}{2}mv_0^2 \xrightarrow[+\frac{3}{2}mv_0^2]{\text{領域Ⅱを通過}} 2mv_0^2 \xrightarrow[+\frac{3}{2}mv_0^2]{\text{領域Ⅱを通過}} \frac{7}{2}mv_0^2 \xrightarrow[+\frac{3}{2}mv_0^2]{\text{領域Ⅱを通過}} \cdots\cdots$$

第2部　物理の視座

　よって、領域Ⅱを通過する回数を N として、v_0 が 100 倍以上の速さに加速される条件は次のようになります。

$$\frac{1}{2}mv_0{}^2 + \frac{3}{2}mv_0{}^2 \times N \geqq \frac{10000}{2}mv_0{}^2$$

これを解いて、

$$N \geqq 3333$$

　つまり、3333 回以上領域Ⅱを通過すれば、速さは v_0 の 100 倍以上になるのです。

5-4 コンデンサーの電荷の変化の規則性
スイッチ切り替え後の電荷を考える

　この章の最後に、いくつかのコンデンサーが接続された回路でスイッチ操作を繰り返すパターンを練習してみましょう。大学入試でも超頻出です。
　特に、
- 一定値に収束するものを見つける。
- 数学的帰納法を使う。

といった考え方がポイントとなります。

例題

　電気容量 C_1、C_2、C_3 である3つのコンデンサーを図のように接続する。最初、電気容量 C_1 のコンデンサーにのみ電荷 Q が蓄えられている。この状態から、スイッチをまず左側に接続し、次に右側に接続し、その次は左側に…… という操作を繰り返す。このとき、最終的にそれぞれのコンデンサーに蓄えられる電荷はいくらになるか。

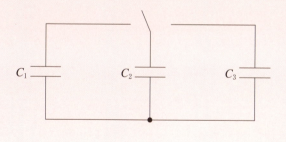

解法

　スイッチ操作をすることで、コンデンサーの電荷が変化していく様子を想像してみましょう。
　最初にスイッチを左側へ接続すると、コンデンサー C_1 からコンデンサー

第2部　物理の視座

C_2 へ電荷の一部が移動します。次にスイッチを右側へ接続すると、今度はコンデンサー C_2 からコンデンサー C_3 へ電荷の一部が移動します。再びスイッチを左側へ移動すると、コンデンサー C_2 から減ってしまった分を補うように、コンデンサー C_1 からコンデンサー C_2 へ電荷が移動します。

そして、スイッチを右側へ接続すると…… というように、コンデンサーの電荷は左から右へ少しずつ移動していくのです。ただし、スイッチ操作を繰り返すごとに電荷の移動量は少なくなり、やがて電荷は移動しなくなります。

移動しなくなるのは、

　　コンデンサー C_1 の電圧 ＝ コンデンサー C_2 の電圧 ＝ コンデンサー C_3 の電圧

となったときです。

このように、最終的には各コンデンサーの電荷は**一定値に収束する**のです。

今回のような問題では、一定値に収束するものを見つけることがポイントとなります。

さて、最終的に3つのコンデンサーの電荷は一定値に収束し、そのときには各コンデンサーの電圧が等しくなるので、その値を V とします。

このとき、

　　3つのコンデンサーの電荷の和 ＝ $C_1V + C_2V + C_3V$

となります。

この値は最初に C_1 に蓄えられていた電荷 Q に保たれているはずですので、

　　$C_1V + C_2V + C_3V = Q$

これを解いて、

$$V = \frac{Q}{C_1 + C_2 + C_3}$$

であることがわかります。そして、ここから

コンデンサー C_1 の電荷 $= C_1 V = \dfrac{C_1 Q}{C_1 + C_2 + C_3}$

コンデンサー C_2 の電荷 $= C_2 V = \dfrac{C_2 Q}{C_1 + C_2 + C_3}$

コンデンサー C_3 の電荷 $= C_3 V = \dfrac{C_3 Q}{C_1 + C_2 + C_3}$

と求められるのです。

練習問題 1

電気容量 C_1、C_2、C_3 である 3 つのコンデンサーと電圧 V の電源を図のように接続する。最初、3 つのコンデンサーには電荷は蓄えられていない。この状態から、スイッチをまず左側に接続し、次に右側に接続し、その次は左側に…… という操作を繰り返す。このとき、最終的にそれぞれのコンデンサーの電荷はいくらになるか。

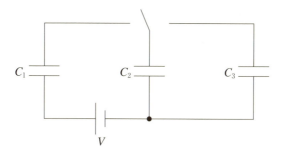

解法

この問題も、スイッチ操作をすることでコンデンサーの電荷が変化していく様子を想像してみましょう。

最初にスイッチを左側へ接続すると、コンデンサー C_1 とコンデンサー C_2 へ充電されます。次にスイッチを右側へ接続すると、コンデンサー C_2 からコンデンサー C_3 へ電荷の一部が移動します。再びスイッチを左側へ移動すると、電荷の減少を補うようにコンデンサー C_1 とコンデンサー C_2 へ電荷が補充されます。

そして、スイッチを右側へ接続すると……というように、各コンデンサーの電荷は少しずつ増えていくのです。ただし、スイッチ操作を繰り返すごとに電荷の移動量は少なくなり、やがて電荷は移動しなくなります。

スイッチを左側に接続したときに電荷が移動しないということは、

コンデンサー C_1 と C_2 の電圧の和 $= V$

となっているということです。そして、スイッチを右側に接続したときに電荷が移動しないということは、

コンデンサー C_2 の電圧 $=$ コンデンサー C_3 の電圧

となっているということです。

よって、このときのコンデンサー C_1 の電圧を V_1 とすると、

コンデンサー C_2 の電圧 $=$ コンデンサー C_3 の電圧 $= V - V_1$

となっていることがわかるのです。

さらに、次の図から、

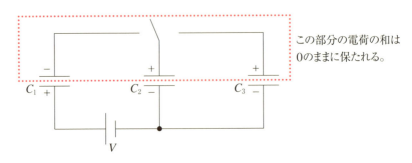

この部分の電荷の和は0のままに保たれる。

コンデンサー C_1 の電荷 $=$ コンデンサー C_2 の電荷 $+$ コンデンサー C_3 の電荷

という関係もわかります。

このことを式にすると、

$$C_1 V_1 = C_2 (V - V_1) + C_3 (V - V_1)$$

これを解いて、

$$V_1 = \frac{(C_2 + C_3) V}{C_1 + C_2 + C_3}$$

であることがわかるので、

コンデンサー C_1 の電荷 $= C_1 V_1 = \dfrac{(C_2 + C_3) C_1 V}{C_1 + C_2 + C_3}$

コンデンサー C_2 の電荷 $= C_2 (V - V_1) = \dfrac{C_1 C_2 V}{C_1 + C_2 + C_3}$

コンデンサー C_3 の電荷 $= C_3 (V - V_1) = \dfrac{C_1 C_3 V}{C_1 + C_2 + C_3}$

とそれぞれ求められます。

練習問題 2

図のように、直流電源とコンデンサーを接続する。最初、各コンデンサーに電荷は蓄えられていない。この状態から、スイッチをまず左側に接続し、次に右側に接続し、その次は左側に……　という操作を繰り返す。スイッチの切り替え（左→右で1回の切り替え）を n 回行ったとき、それぞれのコンデンサーに蓄えられる電荷はいくらになるか。

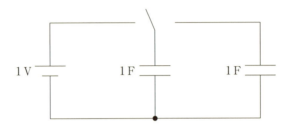

解法

2つのコンデンサーの電気容量が等しいので、スイッチを右側へ接続した後には2つのコンデンサーの電荷が等しくなることに注意すると、次のように変化していくことが理解できます。

1回スイッチを切り替えた後：それぞれ $\frac{1}{2}$C

⇓

2回スイッチを切り替えた後：それぞれ $\left(1 + \frac{1}{2}\right) \times \frac{1}{2} = \frac{3}{4}$C

> 2回目にスイッチを左側へ接続したとき、左側のコンデンサーは1C、右側のコンデンサーは $\frac{1}{2}$C です。それが等分されます。

5 章　規則性を発見する

3回スイッチを切り替えた後：それぞれ $\left(1 + \dfrac{3}{4}\right) \times \dfrac{1}{2} = \dfrac{7}{8}$ C

> 3回目にスイッチを左側へ接続したとき、左側のコンデンサーは1C、右側のコンデンサーは $\dfrac{3}{4}$ C です。それが等分されます。

このように具体的に考えてみると、n 回スイッチを切り替えた後の電荷 Q_n は次のようになることが推測できます。

$$Q_n = \frac{2^n - 1}{2^n}\, C$$

以上のように、初期の数回の変化を具体的に考えることで規則性に気づくことができます。しかし、その規則性になかなか気づけない場合もあるでしょう。そのような場合には、**数学的帰納法**を使うと規則性を見いだしやすくなります。その方法を、以下で解説します。

別解

n 回スイッチを切り替えた後、それぞれのコンデンサーの電荷が Q_n となったとします。この状態からもう1回スイッチを切り替えたらどうなるか、考えてみましょう。

まず、スイッチを左側へ接続します。このとき、左側のコンデンサーの電荷は必ず1Cとなります。次に、スイッチを右側へ接続します。すると、合計 $(1 + Q_n)$ C の電荷が2つのコンデンサーで等分されることになります。

よって、各コンデンサーの電荷は次のようになります。

第2部　物理の視座

$$Q_{n+1} = (1 + Q_n) \times \frac{1}{2}$$

整理すると、

$$Q_{n+1} = \frac{1}{2} Q_n + \frac{1}{2}$$

であり、n の値を 1 つ小さくすると、

$$Q_n = \frac{1}{2} Q_{n-1} + \frac{1}{2}$$

となります。2 式を引き算すると、

$$Q_{n+1} - Q_n = \frac{1}{2}(Q_n - Q_{n-1})$$

であり、ここから、

$$Q_{n+1} - Q_n = \frac{1}{2^{n-1}}(Q_2 - Q_1) = \frac{1}{2^{n-1}}\left(\frac{3}{4} - \frac{1}{2}\right) = \frac{1}{2^{n+1}} \text{C}$$

と求められます。よって、Q_n の値は、

$$Q_n = Q_1 + \left(\frac{1}{2^2} + \frac{1}{2^3} + \cdots\cdots + \frac{1}{2^n}\right)$$

$$= \frac{1}{2} + \left\{\frac{1}{4} \cdot \frac{1 - \left(\frac{1}{2}\right)^{n-1}}{1 - \frac{1}{2}}\right\}$$

$$= \frac{2^n - 1}{2^n} \text{C}$$

と求められるのです。

　簡単に規則性を見いだせないとき、**数学的帰納法**は大きな武器となります。ぜひ身につけておきたい解法です。

練習問題 ❸

電気容量 C の2つのコンデンサーと電圧 V_0 の電源を図のように接続する。最初、2つのコンデンサーに電荷は蓄えられていない。この状態から、2つのスイッチを同時に左側に接続してから、同時に右側に接続する。これを1回の操作とするとき、n 回操作を繰り返した後の右側のコンデンサーに蓄えられる電荷はいくらになるか。

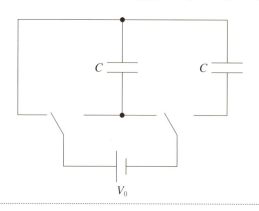

解法

スイッチ操作をすることでコンデンサーの電荷が変化していく様子を想像してみましょう。

● 1回目の操作をしたときの変化

2つのスイッチを左側へ接続すると、左側のコンデンサーの電圧は V_0 となります。

次に2つのスイッチを右側へ接続すると、左側のコンデンサーから右側のコンデンサーへ電荷の一部が移動します。このとき、2つのコンデンサーの電気容量が等しく、電荷の変化量 $\varDelta Q$ も等しいので、2つのコンデンサーの電圧の変化量は等しくなります。

よって、電圧の変化量を x とすると、

第2部 物理の視座

$$V_0 + (V_0 - x) = x$$

という関係が成り立ち、ここから、

$$x = V_0$$

と求められます。つまり、1回目の操作後に右側のコンデンサーの電圧は V_0 となるのです。

● 2回目の操作をしたときの変化

2つのスイッチを左側へ接続すると、左側のコンデンサーの電圧はやはり V_0 となります。

続いて2つのスイッチを右側へ接続すると、やはり2つのコンデンサーの電圧が同じ大きさだけ変化します。電圧の変化量を y とすると、

$$V_0 + (V_0 - y) = V_0 + y$$

という関係が成り立ち、ここから、

$$y = \frac{1}{2} V_0$$

と求められます。つまり、2回目の操作後に右側のコンデンサーの電圧は、

$$V_0 + \frac{1}{2} V_0 = \frac{3}{2} V_0$$

となるのです。

● 3回目の操作をしたときの変化

2つのスイッチを左側へ接続すると、左側のコンデンサーの電圧はやはり V_0 となります。

続いて2つのスイッチを右側へ接続すると、やはり2つのコンデンサーの電圧が同じ大きさだけ変化します。電圧の変化量を z とすると、

$$V_0 + (V_0 - z) = \frac{3}{2}V_0 + z$$

という関係が成り立ち、ここから、

$$z = \frac{1}{4}V_0$$

と求められます。つまり、3回目の操作後に右側のコンデンサーの電圧は、

$$\frac{3}{2}V_0 + \frac{1}{4}V_0 = \frac{7}{4}V_0$$

となるのです。

このように、初期の数回の変化を確認することで、右側のコンデンサーの電圧は、

$$V_0 + \frac{1}{2}V_0 + \frac{1}{4}V_0 + \cdots\cdots$$

というように増加していくのだという**規則性を見いだす**ことができます。
　ここから、n 回操作を繰り返した後の右側のコンデンサーの電圧は、

$$V_n = V_0 + \frac{1}{2}V_0 + \frac{1}{4}V_0 + \cdots\cdots + \frac{1}{2^{n-1}}V_0 = \frac{2^n - 1}{2^{n-1}}V_0$$

と求められます。

以上のように、最初の数回の変化を具体的に考えることで規則性に気づくことができます。しかし、今回もその規則性に気づけなかったとしても、以下のように数学的帰納法を使うとスムーズに解を得ることができます。

別解

　n 回操作を繰り返した後の右側のコンデンサーの電圧を V_n とすると、点線の枠内の電荷が保存されることから、

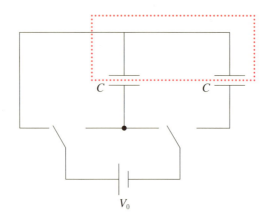

$$CV_0 + CV_n = C(V_{n+1} - V_0) + CV_{n+1}$$

という関係が成り立ちます。

> （$n+1$）回目にスイッチを左側へ接続したとき、枠内の電荷の和は $CV_0 + CV_n$ となります。
> そして、$n+1$ 回目にスイッチを右側へ接続したとき、枠内の電荷の和は $C(V_{n+1} - V_0) + CV_{n+1}$ となります。

ここから、

$$V_{n+1} = \frac{1}{2} V_n + V_0$$

という関係が求められます。この関係式を変形すると、

$$V_{n+1} - 2V_0 = \frac{1}{2}(V_n - 2V_0)$$

となり、ここから、

$$V_n - 2V_0 = \frac{1}{2^{n-1}}(V_1 - 2V_0) = -\frac{1}{2^{n-1}} V_0$$

$$\therefore V_n = \frac{2^n - 1}{2^{n-1}} V_0$$

と求められます。

入試問題に挑戦!

それでは、最後に2問続けて大学入試問題に挑戦してみましょう。

入試問題 ❶

　図に示すように、5つのスイッチS_1（2個）、S_2（2個）、S_3（1個）を含む電気回路がある。2箇所のS_1と2箇所のS_2はそれぞれ同時に開閉する。Eは起電力Eの電池、Rは抵抗値Rの抵抗、C_1とC_2はそれぞれ電気容量Cと$9C$のコンデンサー、そしてLは自己インダクタンスLのコイルである。はじめ、すべてのスイッチは開いており、各コンデンサーには電荷が蓄えられていなかった。ただし、電池、スイッチ、およびコイルの内部抵抗は無視できるものとする。

　まず、S_2とS_3が開いた状態でS_1を閉じる。次に、S_1を開いてからS_2を閉じ、その後S_2を開いてからS_3を閉じた。この状態で、Lに電流が流れていない瞬間にS_3を開いた。その後、次の操作1と操作2を交互に繰り返した。

操作1：S_1を閉じ、十分に時間が経過した後にS_1を開く。
操作2：S_2を閉じ、十分に時間が経過した後にS_2を開く。

　ここで、n回目の操作1でS_1を開く直前のC_2の極板間の電圧をV_n、n回目の操作2でS_2を開く直前のC_2の極板間の電圧をV'_nとする。

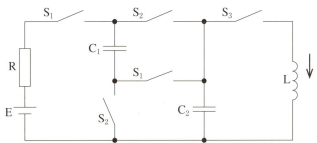

2箇所の S_1 と2箇所の S_2 はそれぞれ同時に開閉する

(1) V'_{n-1} と V_n が満たす関係式を表しなさい。ただし、左辺を V_n とすること。

(2) V_n と V'_n が満たす関係式を表しなさい。ただし、左辺を V'_n とすること。

(3) 操作1と操作2を十分な回数繰り返した後の、C_2 の極板間の電圧を求めなさい。

(2018年 神戸大学 改題)

(1) 次の点線で囲んだ部分は電源と接続されないので、電荷の和が保存されます。

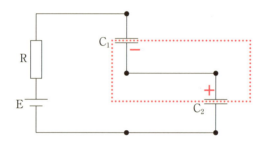

そのため、

$$-CV'_{n-1} + 9CV'_{n-1} = -C(E - V_n) + 9CV_n$$

という関係が成り立ちます。

> $n-1$ 回目の操作2の後の2つのコンデンサーの電圧は V'_{n-1} となります。また、n 回目の操作1の後のコンデンサー C_1 の電圧は $E - V_n$、コンデンサー C_2 の電圧は V_n となります。

この式から、

$$V_n = \frac{4}{5} V'_{n-1} + \frac{1}{10} E$$

という関係式が満たされることがわかります。

(2) 次の点線で囲んだ部分の電荷の和が保存されるので、

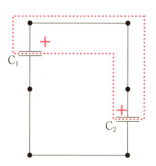

$$C(E - V_n) + 9CV_n = CV'_n + 9CV'_n$$

が成り立つことがわかります。

> n 回目の操作1の後のコンデンサー C_1 の電圧は $E - V_n$、コンデンサー C_2 の電圧は V_n となります。また、n 回目の操作2の後の2つのコンデンサーの電圧は V'_n となります。

この式から、

$$V'_n = \frac{4}{5} V_n + \frac{1}{10} E$$

という関係式が満たされることがわかります。

第2部　物理の視座

(3)　前問 (2) で求めた式の V'_n に (1) で求めた V_n を代入すると、

$$V'_n = \frac{16}{25} V'_{n-1} + \frac{9}{50} E$$

となります。この式は、

$$V'_n - \frac{1}{2} E = \frac{16}{25} \left(V'_{n-1} - \frac{1}{2} E \right)$$

と変形できます。ここから、$n \to \infty$ で $V'_n - \frac{1}{2} E \to 0$ と収束することがわかり、

$$V'_\infty = \frac{1}{2} E$$

と求められます。

別解

　無限に操作を繰り返すとコンデンサーの電圧が変化しなくなることに気づけば、

$$V'_n = \frac{16}{25} V'_{n-1} + \frac{9}{50} E$$

において $V'_n = V'_{n-1}$ として求めることもできます。

　また、この式を使わず、「無限に操作を繰り返すと、操作 1、2 どちらを行ったときにも 2 つのコンデンサーの電圧が変化しない」ことから、操作 1 の後も操作 2 の後も、コンデンサー 2 の電圧は V_n となり、

操作 1 の後のコンデンサー 1 の電圧 $E - V_n$

　　$=$ 操作 2 の後のコンデンサー 1 の電圧

　　$=$ 操作 2 の後のコンデンサー 2 の電圧 V_n

よって、

$$V'_\infty = \frac{1}{2} E$$

と求めることもできます。

5章 規則性を発見する

入試問題 ❷

　電気製品によく使われているダイオードを用いた回路を考えよう。簡単化のため、ダイオードは図1のようなスイッチS_Dと抵抗とが直列につながれた回路と等価であると考え、Pの電位がQよりも高いか等しいときにはS_Dが閉じ、低いときにはS_Dが開くものとする。なお以下では、電池の内部抵抗、回路の配線に用いる導線の抵抗、回路の自己インダクタンスは考えなくてよい。

　図2のように、容量Cのコンデンサー2個、ダイオードD_1、D_2、スイッチSおよび起電力V_0の電池2個を接続した。最初、スイッチSは$+V_0$の側にも$-V_0$側にも接続されておらず、コンデンサーには電荷は蓄えられていないものとする。点Gを電位の基準点（電位0）としたときの点P_1、P_2それぞれの電位 をV_1、V_2とする。

(1)　まず、スイッチSを$+V_0$側に接続した。この直後のV_1、V_2を求めよ。

(2)　前問(1)の後、回路中の電荷移動がなくなるまで待った。このときのV_1、V_2を求めよ。

(3)　前問(2)の後、スイッチSを$-V_0$側に切り替えた。この直後のV_1、V_2を求めよ。

(4)　前問(3)の後、回路中の電荷移動がなくなったときのV_1、V_2を求めよ。

(5)　スイッチの切り替え操作を無限に行うと、各コンデンサーの電圧はどのような値になるか。

　図2の回路に多数のコンデンサーとダイオードを付け加えた図3の回路は、コッククロフト・ウォルトン回路と呼ばれ、高電圧を得る目的で使われる。いま、コンデンサーの容量はすべてCとし、最初、スイッチSは$+V_0$側にも$-V_0$側にも接続されておらず、コンデンサーには電荷は蓄えられていないとする。

(6) スイッチSを$+V_0$側、$-V_0$側と何度も繰り返し切り替えた結果、切り替えても回路中での電荷移動が起こらなくなった。この状況において、スイッチSを$+V_0$側に接続したとき、点P_{2n-2}と点P_{2n-1}の電位は等しくなっていた($n=1, 2, \cdots, N$)。また、スイッチSを$-V_0$側に接続したとき、点P_{2n-1}と点P_{2n}の電位は等しくなっていた($n=1, 2, \cdots, N$)。スイッチSを$+V_0$側に接続したときの点P_{2N-1}、P_{2N}の電位V_{2N-1}、V_{2N}をNとV_0で表せ。なお、点Gを電位の基準点(電位0)とせよ。

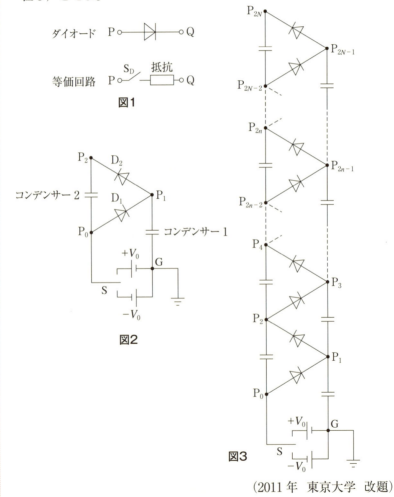

(2011年 東京大学 改題)

(1) スイッチSを閉じた直後なので、コンデンサー1は抵抗0の導線と考えられます。つまり、この瞬間のコンデンサー1の電圧は0となるのです。

また、コンデンサー2には電流が流れないので、電圧は0となります（ダイオードが逆方向となるため電流が流れません）。

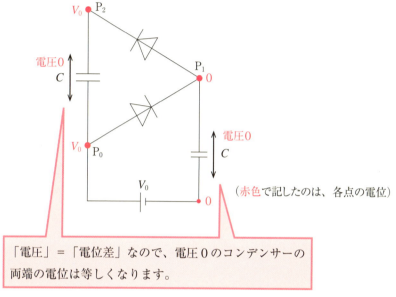

（赤色で記したのは、各点の電位）

「電圧」＝「電位差」なので、電圧0のコンデンサーの両端の電位は等しくなります。

以上より、$V_1 = 0$、$V_2 = V_0$ であることがわかります。

(2) この後ダイオードD_1には電流が流れますが、十分時間が経てば電流が流れなくなります。

電流が流れなくなるのは、ダイオードD_1にかかる電圧が0となるときです。このとき、コンデンサー1の電圧はV_0となって充電が完了します。

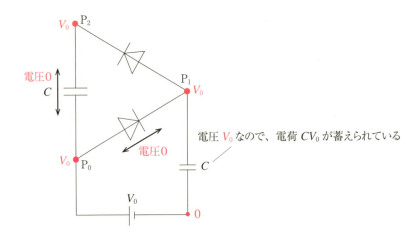

以上より、$V_1 = V_0$、$V_2 = V_0$ であることがわかります。

(3) スイッチSを閉じた直後なので、コンデンサー2は抵抗0の導線と考えられます。つまり、コンデンサー2の電圧は0となります。

そして、コンデンサー1には電荷 CV_0 が蓄えられているので、電圧が V_0 であることに注意が必要です。

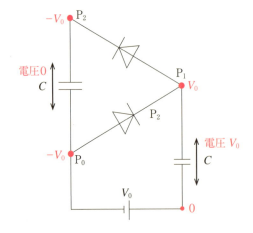

以上より、$V_1 = V_0$、$V_2 = -V_0$ であることがわかります。

(4) この後ダイオード D_2 には電流が流れますが、十分時間が経てば流れなくなります。そのときが、コンデンサーの充電が完了するときです。つまり、ダイオード D_2 にかかる電圧は 0 となるわけです。

また、このときコンデンサー 1 からコンデンサー 2 へ電荷が移動します。移動する電荷を $\varDelta Q$ とすると、

$$\text{コンデンサー 1 の電圧の減少} = \frac{\varDelta Q}{C}$$

$$\text{コンデンサー 2 の電圧の増加} = \frac{\varDelta Q}{C}$$

つまり、コンデンサー 1 の電圧が減少した分だけ、コンデンサー 2 の電圧が増加することがわかります。その変化量を $\varDelta V$ とします。

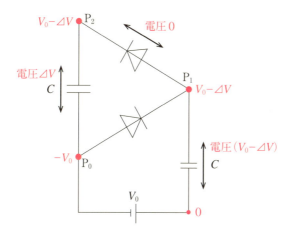

点 P_0 の電位は $-V_0$ ですが、上の図から $V_0 - 2\varDelta V$ でもあることがわかるので、

$$-V_0 = V_0 - 2\varDelta V$$

という関係がわかり、ここから $\varDelta V = V_0$ とわかります。

これらのことから、$V_1 = V_2 = 0$ と求められるのです。

第2部 物理の視座

(5)　スイッチの切り替えを何度か行ったときの各コンデンサーの変化についてのここまでの考察から、スイッチを $-V_0$ 側へつなぐたびにコンデンサー1からコンデンサー2へ電荷を分けていることがわかります。スイッチ操作を繰り返すたびに分ける電荷の量は減っていき、やがてスイッチを $-V_0$ 側へつないでも電荷が移動しなくなります。

　このように、操作を無限に繰り返すことで各コンデンサーの電荷が一定値に収束することを見抜くことがこの問題を解くためのポイントです。

　スイッチを V_0 側へつないだとき、コンデンサー1の電圧は必ず V_0 となります。つまり、コンデンサー1の電圧はこの値に収束するということです。

　そして、スイッチを $-V_0$ 側へつないだときには、2つのコンデンサーの電圧の和が $-V_0$ となります。かつ、このときにもコンデンサー1の電圧は変わらず V_0 となっているはずです。以上のことから、コンデンサー2の電圧は $2V_0$ に収束することがわかるのです。

　このように一定値に収束することを見抜ければ簡単に解けますが、それが難しい場合は数学的帰納法によって解くこともできます。

別解

　スイッチの切り替えを n 回行ったときに、

$$V_1 = V_{1n}$$
$$V_2 = V_{2n} - V_0$$

> コンデンサー1の電圧を V_{1n}、コンデンサー2の電圧を V_{2n} と表しています。

5章 規則性を発見する

となったとします。そこから、$n+1$回目の操作で $+V_0$ 側へつないだとき、

$$V_1 = V_0$$

となります。そして、$-V_0$ 側へつないだとき、

$$V_2 = V_{2(n+1)} - V_0$$

とすると、

$$V_1 = V_0 - (V_{2(n+1)} - V_{2n})$$

と表せます。

> コンデンサー 1 からコンデンサー 2 へ電荷が移動して、コンデンサー 1 の電圧が減少した分だけコンデンサー 2 の電圧が増加します。

そして、スイッチを $-V_0$ 側へつないだときには $V_1 = V_2$ なので、

$$V_0 - (V_{2(n+1)} - V_{2n}) = V_{2(n+1)} - V_0$$

すなわち、

$$V_{2(n+1)} = \frac{V_{2n}}{2} + V_0$$

という関係が成り立ちます。ここから、

$$V_{2(n+1)} - 2V_0 = \frac{1}{2}(V_{2n} - 2V_0) = \cdots\cdots = \left(\frac{1}{2}\right)^n (V_{2\cdot 1} - 2V_0)$$

すなわち、

$$n \to \infty \text{ のとき } V_{2n} \to 2V_0$$

となることが求められるのです。

293

(6) 問題文から、次のようなことがわかります。

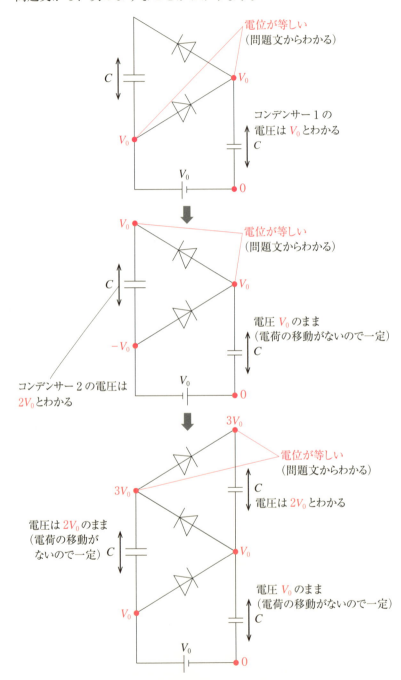

以上のことから、コンデンサー 1 だけは電圧 V_0 であり、他のコンデンサーはすべて電圧 $2V_0$ であることがわかります。

　よって、点 P_{2N-1}、P_{2N} の電位は、

$$V_{2N-1} = (2N - 1)V_0 \qquad V_{2N} = (2N + 1)V_0$$

と求められます。

あとがきに代えて／各章のあらすじ

第1部 物理と数学

1章 ベクトルの作図を活用する

　分野をまたいでベクトルを活用する方法を紹介し、その有用性を確認しました。

　物理に苦手意識を持つ人が多い理由の1つに、物理の計算の大変さが挙げられると思います。少しでも計算をラクにし、イメージを持って物理現象を理解するのを助けてくれるのがベクトルです。ベクトルを活用することで、いろいろな分野の問題が解きやすくなること、物理現象をイメージしやすくなることを感じてもらえればと思います。

2章 グラフと微積分を活用する

　物理量の変化の様子を表すのに便利なのが、グラフです。高校物理で登場するグラフの種類は限られています。「傾き」と「面積」に着目して各グラフのポイントを押さえると、その意味が読み取りやすくなります。そして、異なるグラフどうしをつなげて理解できるようになります。

　分野を問わず、グラフを活用する力を身につけてもらえればと思います。

3章 近似式を活用する

　物理を考える手段として、数学はなくてはならないものです。ただし、まともに計算したらとても大変な状況も多々あります。そんなときには、近似式が役に立ちます。

　近似式には使い方のコツがあり、それは分野を問わず通用することを理解してもらえればと思います。物理の計算をするときに、ぜひ生かしてください。

第2部 物理の視座

4章　視点を転換する

この章を通して、物理現象を読み解く視点が1つだけではないことを知ってもらえればと思います。複雑な現象が視点を変えるだけでスッキリ見えてしまう、そこに物理の面白さがあります。

いきなり問題を解きはじめず、まずは「どの視点で考えるのが一番よさそうか？」というところから考えてみてはどうでしょう。

5章　規則性を発見する

物理法則を使って考えることで、ある操作を何度も何度も繰り返したときの結果が予想できてしまいます。ただし、1回1回の操作をずっとたどって考えるわけにはいきません。変化の規則性を見つけられるかが勝負です。

そんなときに、一定値に収束するものを見つけたり、数学的帰納法を活用したりすることが役に立つこともあるのだ、と理解してもらえればと思います。

索 引

■ アルファベット

E–xグラフ	118
f–θグラフ	147
I–tグラフ	110
P–Vグラフ	81
Q–tグラフ	110
v–tグラフ	69
V–xグラフ	118
x–tグラフ	69
y–tグラフ	95
y–xグラフ	95

■ あ行

圧縮	82, 136
圧力	81, 137
位相	40
運動量	11, 216, 249
運動量の和	13, 249
運動量保存則	11
円運動	191, 264
遠心力	94, 191
音源	35
音速	35, 141

■ か行

回転するベクトル	42
回路	54, 111, 157, 209, 271
角振動数	41

（右段）

加速度	71, 169
荷電粒子	62, 264
慣性力	188
完全弾性衝突	19
観測者	35, 145, 207
規則性	249
共振現象	59
極板間の電場	162
近似式	127
グラフの傾き	71, 111, 119
グラフの面積	71, 119
コイル	46, 283
コイルの誘導リアクタンス	48
光源	145
合成波	40, 263
光速	147
剛体のつりあい	21
交流回路	46
抗力	134
光路差	145
コンデンサー	46, 111, 157, 271
コンデンサーのエネルギー	158
コンデンサーの電荷	111, 158, 271
コンデンサーの容量リアクタンス	47

■ さ行

最大摩擦力	29
作用線	24

三平方の定理	14, 53, 58	相対加速度	173
時間平均	61	相対速度	15, 169, 250
仕事	157, 266	速度	13, 73
磁束密度	62, 113, 208, 264	速度成分	34, 62, 174
支点	18		
磁場	62, 113, 204, 264	**■ た行**	
磁場に垂直な成分	62	ダイオード	289
磁場に平行な成分	62	体積	81, 134
周期	65, 99, 131, 194, 255	単振動	42, 131, 196
重心	22	単振動の周期	131, 198
重心の視点	211	単振動の中心の位置	163, 195, 204
重心の速度	214	弾性エネルギー	165, 196
収束	80, 111, 271	弾性衝突	12, 184, 252
真空の誘電率	157, 163	断熱圧縮	82, 136
振動数	35, 103, 145	断熱膨張	87
振動の繰り返し	262	断熱変化	82, 136
振幅	40, 103, 246	力のつりあい	22, 94, 144, 189
垂直抗力	19, 216	力のモーメント	22
数学的帰納法	271	張力	26, 189
スリット	154	直列	54, 287
静止した人の視点	170	つりあいの位置	129, 209
静止摩擦力	22	定圧変化	84
正射影	42	抵抗（電気抵抗）	46, 112
静電エネルギー	158	定積変化	84
静電気力	129, 184	電圧	46, 112
静電誘導	159	電荷	63, 264
積分	74, 119, 123	電気容量	157
相対運動	171, 212	電場	118, 162, 204

索 引

電流 ……………………………… 46, 111
等温変化 ……………………………… 81
等加速度運動 ……………………… 177
等加速度直線運動 ……… 69, 169, 259
等速円運動 ……………… 42, 145, 217
等速らせん運動 …………………… 64
動摩擦力 …………………………… 185
ドップラー効果 …………………… 34, 145

■ な行

斜めの座標軸 …………………… 231
波の合成 ……………………………… 40
波の速さ …………………………… 99

■ は行

媒質 ……………………………… 38, 95
媒質の位置 ……………………… 96
反発係数(はね返り係数) … 77, 174, 250
微分 …………………… 73, 111, 119, 124
復元力 ……………………… 131, 196
振り子運動 ……………………… 194
並列 ……………………………… 47, 157
ベクトル ……………………………… 11
変位 …………………………… 41, 73
ポアソンの式 …………………… 136
膨張 ……………………………… 82

■ ま行

曲がった座標軸 ………………… 231
見かけの鉛直下向き …………… 190
見かけの重力 …………………… 188
見かけの重力加速度 …………… 194
見かけの水平線 ………………… 190
密度 …………………………… 87, 104
明線 …………………………… 151
モーメント ………………………… 22
モーメントのつりあい ………… 22
モンキーハンティング ………… 178

■ や行

誘電率 …………………………… 163
誘導起電力 ……………………… 113

■ ら行

力学的エネルギー …………… 12, 196
力学的エネルギー保存則 …… 12, 196
力積 ………………………………… 19
理想気体の状態方程式 ……… 88, 139
レンズ …………………………… 154
ローレンツ力 …………… 63, 119, 264

〈著者〉

三澤 信也 (みさわ しんや)

長野県生まれ。東京大学教養学部基礎科学科卒業。
長野県の中学、高校にて物理を中心に理科教育を行っている。
著書に『東大式やさしい物理』『【図解】いちばんやさしい相対性理論の本』『こどもの科学の疑問に答える本』(以上、彩図社) がある。
また、ホームページ「大学入試攻略の部屋」を運営し、物理・化学の無料動画などを提供している。
http://daigakunyuushikouryakunoheya.web.fc2.com/

・本書の内容に関する質問は，オーム社雑誌編集局「(書名を明記)」係宛，
 書状またはFAX(03-3293-6889)，E-mail(zasshi@ohmsha.co.jp)にてお願いします．
 お受けできる質問は本書で紹介した内容に限らせていただきます．なお，電話での質
 問にはお答えできませんので，あらかじめご了承ください．
・万一，落丁・乱丁の場合は，送料当社負担でお取替えいたします．当社販売課宛に
 お送りください．
・本書の一部の複写複製を希望される場合は，本書扉裏を参照してください．
 JCOPY ＜出版者著作権管理機構 委託出版物＞

分野をまたいでつながる高校物理

2019年10月25日　　第1版第1刷発行

著　　者　三澤信也
発行者　村上和夫
発行所　株式会社オーム社
　　　　　郵便番号　101-8460
　　　　　東京都千代田区神田錦町3-1
　　　　　電話　03(3233)0641(代表)
　　　　　URL https://www.ohmsha.co.jp/
© 三澤信也 2019

組版 クォーター　印刷・製本 三美印刷
ISBN 978-4-274-50747-2　Printed in Japan

関連書籍のご案内

微積で解いて
得する物理

細川 貴英 著

A5判・288頁
ISBN 978-4-274-50218-7

高校物理（力学・電磁気学）を楽しく効率的に学べる！

多くの学習者がつまずく力学や電磁気学の解法を、微積による解法を学ぶことによって、面白く解けるようになり、読み物感覚で体系的に学べる画期的な学習書。入試問題を用いた演習で理解が深まるようになっています。

主要目次

- 微分と物理の切っても切れない関係
- 積分で物理の美しさを覗いてみる
- 微積の基本テクニックを使いこなす
- 運動方程式の変形をマスターする
- 力学で得た知識の集大成「単振動」
- 流れで理解する「電場」と「電位」
- 理解すれば馴染める「コンデンサ」
- やることはいつも同じ「回路」
- 左手は封印して右ねじを回す「磁場」
- 微積の理解がモノを言う「電磁誘導」
- 微積で最後の感動を味わう「交流」

もっと詳しい情報をお届けできます。
◎書店に商品がない場合または直接ご注文の場合は
　右記宛にご連絡ください。

ホームページ　https://www.ohmsha.co.jp/
TEL／FAX　TEL.03-3233-0643 FAX.03-3233-3440

関連書籍のご案内

マンガでわかる 物理【力学編】

新田 英雄 著
高津 ケイタ 作画
トレンド・プロ 制作

B5変・234頁
ISBN 978-4-274-06665-8

マンガで物理をわかりやすく解説！

学校で習う物理学は、観念的で計算問題を解くことに重点を置くため敬遠されがちな学問です。本書は、「マンガでわかる」シリーズの一冊として、物理学の中の力学を取り上げています。
身近な物理現象を例に、物理の苦手な主人公が、力学の基礎を楽しく学習できる魅力的なマンガ版解説書としてまとめています。

主要目次

- 第1章　作用反作用の法則
- 第2章　力と運動
- 第3章　運動量
- 第4章　エネルギー

もっと詳しい情報をお届けできます。
◎書店に商品がない場合または直接ご注文の場合は、右記宛にご連絡ください。

ホームページ　https://www.ohmsha.co.jp/
TEL／FAX　TEL.03-3233-0643　FAX.03-3233-3440

関連書籍のご案内

マンガでわかる
物理【光・音・波編】

新田 英雄 著
深森 あき 作画
トレンド・プロ 制作

B5変・240頁
ISBN 978-4-274-21820-0

『マンガでわかる物理 力学編』の続編、光・音・波編登場!!

本書は、光・音・波といった物理現象をマンガによって表現しながら、楽しくかつ本質的な理解ができるように解説していきます。物理によって現象を理解する面白さを、マンガのストーリーを追うことで自然に学習できる本を目指します。レベル的には高校物理を想定していますが、中学校レベルからの復習を含んでいます。また、一部に大学基礎物理レベルの内容もありますが、高校生にもわかるように解説します。

主要目次

プロローグ	第4章 ドップラー効果
第1章 光	第5章 光の波
第2章 波	エピローグ
第3章 音	

もっと詳しい情報をお届けできます。
◎書店に商品がない場合または直接ご注文の場合は右記宛にご連絡ください。

ホームページ https://www.ohmsha.co.jp/
TEL/FAX TEL.03-3233-0643 FAX.03-3233-3440